国家"十三五"重点研发计划项目(2016YFC0801703、2017YFC0805207)资助
山东省自然科学基金项目(ZR2015PE005)资助
山东科技大学人才引进科研启动基金项目(2015RCJJ038)资助

环境因素对瓦斯爆炸特性影响研究

孟祥豹　张延松
李润之　高　娜　著

U0337578

中国矿业大学出版社

内 容 简 介

本书在对瓦斯爆炸机理和特性理论进行梳理、分析的基础上,通过爆炸管道实验和数值模拟实验,开展了点火能量、初始温度、初始压力等环境因素对瓦斯爆炸极限、爆炸特性的影响研究。为了解不同环境条件下瓦斯爆炸的发生、发展及爆炸特性,指导瓦斯爆炸事故分析、相关行业标准的制定以及隔爆、抑爆产品的研发提供了重要的参考。

本书可供从事瓦斯爆炸方面工作的科研人员和工程技术人员参考使用。

图书在版编目(CIP)数据

环境因素对瓦斯爆炸特性影响研究/孟祥豹等著
. —徐州:中国矿业大学出版社,2018.4
ISBN 978 - 7 - 5646 - 3934 - 1

Ⅰ. ①环… Ⅱ. ①孟… Ⅲ. ①瓦斯爆炸—理论 Ⅳ.
①TD712

中国版本图书馆 CIP 数据核字(2018)第 059808 号

书　　名	环境因素对瓦斯爆炸特性影响研究
著　　者	孟祥豹　张延松　李润之　高　娜
责任编辑	赵朋举　黄本斌
出版发行	中国矿业大学出版社有限责任公司
	(江苏省徐州市解放南路　邮编 221008)
营销热线	(0516)83885307　83884995
出版服务	(0516)83885767　83884920
网　　址	http://www.cumt.com　E-mail:cumtpvip@cumtp.com
印　　刷	徐州中矿大印发科技有限公司
开　　本	787×1092　1/16　印张 8　字数 166 千字
版次印次	2018 年 4 月第 1 版　2018 年 4 月第 1 次印刷
定　　价	30.00 元

(图书出现印装质量问题,本社负责调换)

前　言

　　我国现有的能源结构中，虽然新能源的开发越来越受到重视，而且替代水平也日益提高，但是煤炭作为我国主体能源的地位仍然没有改变。2015 年，我国原煤的产量为 37.5 亿 t，在一次能源生产总量中占 72.1%；煤炭的消费量为 39.6 亿 t，占一次能源消费总量的 64.0%。由于我国富煤贫油少气的能源特点，在今后相当长一段时间内，煤炭仍将保持主体能源的地位。我国煤层埋藏深且赋存地质条件复杂多变，瓦斯不均匀地分布其中，瓦斯灾害事故时有发生，严重制约了我国煤炭行业的健康快速发展。随着科技的进步和国家对煤矿安全生产的重视，煤矿灾害事故的发生频率、人员伤亡和经济损失等方面都有了一定的改善，但是，煤矿的瓦斯爆炸事故仍未完全杜绝。

　　瓦斯爆炸事故的发生，不仅损害国家财产、危及人民安全，还不利于社会稳定以及和谐社会的发展，损害我国的国际形象，同时还影响了煤炭生产对我国国民经济快速发展的保障作用。煤炭企业管理水平的提高，可以在一定程度上防止瓦斯爆炸事故的发生。然而，要从根本上防止瓦斯爆炸，还必须解决一系列技术难题，例如对高温高压等特殊环境对瓦斯爆炸的影响、低浓度瓦斯燃爆特点、强点火源对瓦斯燃爆特性的影响等的认识。本书对点火能量、初始温度、初始压力三个环境因素对瓦斯爆炸极限和爆炸压力的影响进行研究，这对了解不同环境条件下瓦斯爆炸的发生、发展及爆炸特性，指导瓦斯爆炸事故分析、相关行业标准的制定以及隔爆、抑爆产品的研发具有重要的参考意义。

　　本书主要由以下几方面内容组成：一是对瓦斯爆炸极限、特性的理论梳理和分析；二是单因素点火能量、初始温度、初始压力影响瓦斯爆炸极限和特性的实验研究；三是多因素耦合对瓦斯爆炸极限的影响实验研究；四是瓦斯爆炸的化学动力学和流体动力学数值模拟研究。

　　在本书的撰写过程中，得到了张新燕、陈海燕等老师以及俞海玲、杜文州、王相、徐翠翠、刘博、黄兴旺、张毓媛、胡凯、解庆鑫等博士、硕士研究生的大力支持，在此表示感谢。同时国内外许多学者的相关研究成果为本书所引用，使得本书能够比较系统地呈现在读者的面前；国家"十三五"重点研发计划项目（2016YFC0801703、2017YFC0805207）、山东省自然科学基金项目（ZR2015PE005）、山东科技大学人才引进科研启动基金项目（2015RCJJ038）的资助使得本书得以出版,在此一并表示感谢。

本书是课题组十多年来研究成果的总结,由于作者水平有限,书中难免有不妥甚至错误之处,有些问题需进一步商榷和深入研究,不当之处敬请广大读者予以批评指正。

作　者

2017 年 12 月

目　　录

1 绪 论

1.1 引 言

在我国现有的能源结构中,虽然新能源的开发越来越受到重视,而且替代水平也日益提高,但是煤炭作为我国主体能源的地位仍然没有改变。由于我国富煤贫油少气的能源特点,在今后相当长一段时间内,煤炭仍将保持主体能源的地位。我国煤层埋藏深且煤层赋存地质条件复杂多变,瓦斯不均匀地分布其中,瓦斯灾害事故时有发生,严重制约了我国煤炭行业的健康快速发展。随着科技的进步和国家对煤矿安全生产的重视,煤矿灾害事故的发生频率、人员伤亡和经济损失等方面都有了一定的改善。但是,煤矿的瓦斯爆炸事故仍未完全杜绝。这类爆炸事故的发生,不仅损害国家财产、危及人民安全,还不利于社会稳定以及和谐社会的发展,损害我国的国际形象,同时还影响了煤炭生产对我国国民经济快速发展的保障作用。

煤炭企业管理水平的提高和操作方法的完善,可以在一定程度上防止瓦斯爆炸事故的发生。然而,要从根本上防治瓦斯爆炸,就必须解决一些技术难题,例如对瓦斯爆炸作用机理、高温高压等特殊环境对瓦斯爆炸特性的影响、低浓度瓦斯燃爆特点、强点火源对瓦斯燃爆特性的影响、障碍物对瓦斯爆炸传播的影响等的认识[1]。因此,对瓦斯爆炸机理开展深入研究,掌握瓦斯爆炸的发生、发展过程及爆炸特性,对于瓦斯爆炸事故的分析和防治以及相关行业标准的制定具有非常重要的现实意义。

瓦斯爆炸需满足三个基本条件:一定浓度的甲烷、一定浓度的氧以及一定能量的点火源,其中一定浓度的甲烷和氧是伴随着煤矿生产固有的不可杜绝的因素,因而瓦斯爆炸最活跃的影响因素点火源就成了研究和控制的重点。煤矿瓦斯发生爆炸的主要原因之一是瓦斯的点火能很低,通常只需数毫焦到十几焦的能量就能将其点燃。在最敏感情况下,瓦斯的最低点火能仅为 0.28 mJ,因此矿井下瓦斯爆炸大部分是由类似于电火花、金属火花、静电火花、金属撞击火花等一类较弱的点火源引起的。另外,由于煤矿开采过程中采空区存在大量的遗留浮煤,浮煤的存在为煤矿自燃提供了物质条件,自燃的结果使煤矿采空区内温度有不同程度的升高。此外,摩擦生热、燃烧生热等通过热传递使环境温度高于常温,此时瓦斯爆炸极限及其爆炸特性就有可能发生变化,从而容易引发瓦斯爆炸事故,造成严重的损失。因此,研究环境条件,如初始温度、初始压力和点火能量等对瓦斯爆炸特性的影响就显得十分重要。

1.2 瓦斯爆炸机理

瓦斯爆炸是一个剧烈的放热反应过程。在瓦斯爆炸的整个过程中,点火过程是反应从静止状态向强放热状态转变的重要阶段,它决定着火焰能否自持燃烧以致达到爆炸的程度。热爆炸理论和链式反应理论可以分别用来描述瓦斯爆炸的点火和发展过程。

1.2.1 热爆炸理论

假设瓦斯-空气混合气体在球形容器中反应,且反应由火花中心点火引发。点火火花先使点火点周围的一小部分混合气体温度瞬间升高,即在点火点周围瞬间建立起一个很小的球形高温气体热源。此点火气体热源与周围初始气体之间存在很大的温度梯度。气体热源边缘处的未燃气体随着温度的升高发生化学反应,因而形成了近似球对称向外传播的燃烧波火焰阵面[2],如图1-1所示。

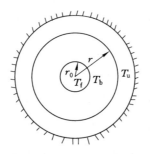

图 1-1 中心火花点火模型

随着火焰不断向未燃气体推进,气体热源的温度也逐渐降低。假设气体热源体积足够小,可认为在其温度变化过程中热源体积不变且体积内温度变化情况相同。当气体热源温度降低到正常火焰温度附近 T_f 时,已燃气体的反应区半径增至 r 时,系统内的温度至少满足式(1-1),则火焰才能发展到稳定状态以持续传播下去。此时的反应区半径 r 即为临界最小火焰半径。

$$\frac{T_u - T_f}{r - r_0} = \left(\frac{dT}{dr}\right)_w \tag{1-1}$$

式中 T_u——未燃气体的温度,K;

T_f——气体热源当时的温度,K;

r——已燃气体区域半径,m;

r_0——气体热源半径,m。

式(1-1)等式左边 $(T_u - T_f)/(r - r_0)$ 为系统中气体热源温度与外层未燃气体之间的温度梯度,等式右边 $(dT/dr)_w$ 为瓦斯气体燃烧时稳态火焰的温度梯度。在这种情况下,系统内的放热速率与散热速率相等,且单位温度变化下的放热量和散热量也相同[3],即

$$\begin{cases} q_G = q_L \\ \dfrac{dq_G}{dT} = \dfrac{dq_L}{dT} \end{cases} \tag{1-2}$$

瓦斯爆炸反应可看作是甲烷与氧气剧烈的氧化反应,化学反应式如下:

$$CH_4 + 2O_2 = CO_2 + 2H_2O \tag{1-3}$$

若认为该反应为二级反应,则反应速率 R 可表示为:

$$R = A[CH_4][O_2]\exp\left(-\frac{E_a}{RT}\right) \tag{1-4}$$

式中　A——指前因子;

　　　$[CH_4]$,$[O_2]$——甲烷和氧气的摩尔浓度,mol/L;

　　　E_a——活化能,J/mol;

　　　R——气体常数,一般取 8.314 J/(K·mol);

　　　T——系统温度,K。

混合气体单位时间的放热量 q_G 为:

$$q_G = QR = QA[CH_4][O_2]\exp\left(\frac{-E_a}{RT}\right) \tag{1-5}$$

式中　Q——单位质量混合气体反应放热量,J。

由上式可知,混合气体单位时间的放热量随系统温度的升高而指数增加。

假设反应区向未燃区热量的散失单纯依靠热传导,则单位时间的散热量 q_L 可以用牛顿冷却定律来表示:

$$q_L = \alpha S(T_b - T_u) \tag{1-6}$$

式中　α——热传导系数;

　　　S——导热面积;

　　　T_b——已燃气体温度;

　　　T_u——未燃气体温度。

因此,要使燃烧火焰能持续传播,即保证瓦斯爆炸反应点火的成功,至少满足以下条件:

$$
\begin{cases}
QA[\mathrm{CH_4}][\mathrm{O_2}]\exp\left(-\dfrac{E_\mathrm{a}}{RT}\right) = \alpha S(T_\mathrm{b}-T_\mathrm{a}) \\[2ex]
\dfrac{\mathrm{d}\left\{QA[\mathrm{CH_4}][\mathrm{O_2}]\exp\left(-\dfrac{E_\mathrm{a}}{RT}\right)\right\}}{\mathrm{d}T} = \dfrac{\mathrm{d}[\alpha S(T_\mathrm{b}-T_\mathrm{a})]}{\mathrm{d}T}
\end{cases}
\tag{1-7}
$$

当气体热源温度降低到正常火焰温度附近时,若化学反应区半径大于或等于临界最小火焰半径 r,即化学反应区内的释热速率大于预热未燃气体区放热的损失速率,则化学反应区温度不断升高而能保证反应的继续进行,火焰得以向未燃区传播,即可能完成爆炸点火;若化学反应区半径小于 r,则化学反应区的释热速率不足以补偿热损失速率,也就是热量的损失量不断地超过化学反应所得到的热量,以致反应区的温度降低至无法维持反应的继续进行,因而仅在高温气体热源附近有少量气体进行了反应,不能维持火焰的持续传播。

在球形容器中,对瓦斯进行中心火花点火后,球形燃烧波从中心向壁面发展。对于流动矢量和扩散矢量大体上彼此平行且都与表面相垂直的很小火焰面上来说,可以把此球形燃烧波看作是平面燃烧波,分布示意图如图 1-2 所示。

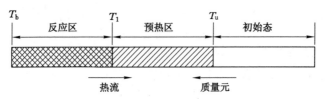

图 1-2　燃烧波分布示意图

热流从反应区流向未燃区,而质量流流向与其相反。质量元通过燃烧波时,通过热传导获得热量,同时也将一部分热量交由较冷的逆流质量元。起初阶段,质量元获得的热量多于损失的热量,因而温度升高,超过其初始温度 T;当质量元温度高于 T_1 后,其转变为热源,加热逆流质量元的热量多于从获得的热量,但与此同时,质量元参与化学反应而释放热量,因而质量元的温度继续增加,直至反应结束,温度升至 T_b。浓度梯度在化学反应中的产生,造成了扩散现象的发生:反应物分子按 $u{\rightarrow}b$ 的方向扩散;燃烧产物分子按 $b{\rightarrow}u$ 的方向扩散;中间产物分子则向这两个方向扩散。随着化学反应的消耗,反应物分子连续地减少,直至燃烧波推进至壁面处。

1.2.2　链式反应理论

通常,描述瓦斯爆炸的化学反应式为甲烷的氧化反应,见式(1-3)。在这个反应式中,将甲烷氧化反应描述为双分子反应。然而,实际上,甲烷的氧化反应并非如此简单的单步反应,而是极为复杂的链式反应。链式反应由很多步简单的基元反应组成,在单步的基元反应分析中,可以运用热爆炸理论的相关知识,但是就整个反应过程来看,必须运用链式反应机理对其进行研究。

以一定能量 M 激发甲烷与氧气反应,甲烷分子吸收能量而离解成自由基,即:

$$CH_4 + M = CH_3 \cdot + H \cdot + M$$

甲烷分子也可以与氧直接作用而产生自由基,即:

$$CH_4 + O_2 = CH_3 \cdot + HO_2 \cdot$$

$$CH_4 + HO_2 \cdot = CH_3 \cdot + H_2O_2$$

链式反应进行缓慢,需吸收大量能量才能激发。根据巴赫-恩格勒(Bax-Engler)的过程氧化理论,烃类氧化是以破坏氧的一个键而非两个键进行的。因此,甲烷氧化首先生成的是甲烷的过氧化物或过氧化物自由基,即:

$$CH_3 \cdot + O_2 = CH_3OO \cdot$$

$$CH_4 + CH_3OO \cdot = CH_3 \cdot + CH_3OOH$$

生成的甲基过氧化物由于—O—O—键较弱,容易断裂,可分解为甲醛、甲醇等。但是,过氧化物的分解比较缓慢,有些反应还具有一定的退化分支特点,因而甲烷的氧化反应会存在一个诱导期[4]。在点火之前氧化反应的反应速率主要取决于作为活化中心的自由基的浓度。

随着自由基的不断产生,反应越来越显现出链式反应的特性,反应自动延续,并由于链分支反应而自动加速。下面化学式列出了几个链分支的基元反应:

$$CH_4 + O \cdot = CH_3 \cdot + HO \cdot$$

$$CH_3 \cdot + O_2 = CH_3O \cdot + O \cdot$$

$$H_2 + O \cdot = HO \cdot + H \cdot$$

$$H \cdot + O_2 = HO \cdot + O \cdot$$

在反应的进行中,链分支反应使自由基积累增加,而链断裂反应则使自由基消耗减少。链式反应能否持续地进行下去,主要取决于点火后自由基的积累速度及其消耗速度。下面化学式为几个链断裂的基元反应:

$$2CH_3 \cdot + M = C_2H_6 + M$$

$$2O \cdot + M = O_2 + M$$

$$H \cdot + HO \cdot + M = H_2O + M$$

$$CH_3 \cdot \xrightarrow{\text{表面}} 销毁$$

$$O \cdot \xrightarrow{\text{表面}} 销毁$$

在分支链反应中,链传递过程中的链分支反应,使反应过程有了根本的改变。当链分支产生的自由基不仅可以补偿链断裂消亡的自由基,又可以抵消由于反应物浓度减少而带来的影响时,活化分子数目将不断地增加,越来越多的自由基参与到基元反应中,使反应得以自动加速,最终导致甲烷与氧的支链爆炸。若自由基数目的增加不能消除链断裂及反应物浓度减小这两者的影响,则链式反应将平稳地进行直至反应结束,即为甲烷的稳态氧化过程。

在链式反应理论中,链的引发对于整个链式反应的顺利进行具有重要的作用。在诱导期内,温度、压力等都没有明显升高,但是自由基却由于反应的进行而不断积累,以保证后续反应拥有足够的活化中心。曾有学者证实,甲醛(CH_2O)在诱导期内积累,并在诱导期末达到稳定浓度,且甲醛浓度随时间增加起初呈指数关系。诺里什(Norrish)等人曾通过在甲醛浓度等于消除诱导期的稳定浓度下进行的实验观测中证实了甲醛的链引发作用。伯纳德·刘易斯(Bernard Lewis)和京特·冯·埃尔贝(Guenther von Elbe)基于甲醛的链引发作用提出了一种甲烷与氧气的综合反应历程,其认为甲烷与氧气在反应初期缓慢反应生成了痕量的甲醛[2]:

$$CH_4 + O_2 = CH_2O + H_2O$$

在甲醛(CH_2O)与氧气(O_2)的反应中,认为是 O_2 中氧原子(O)迁移到 CH_2O,生成的 O· 继续参与反应,生成甲烷的过氧化自由基,即:

$$CH_2O + O_2 = HCOOH + O·$$
$$O· + CH_4 = CH_3· + HO·$$
$$HO· + CH_4 = H_2O + CH_3·$$
$$CH_3· + O_2 = CH_3OO·$$

反应产生的自由基 $CH_3OO·$ 参与到后续的反应中,即:

$$CH_3OO· + CH_4 \longrightarrow CH_3OOH \longrightarrow H_2O + CH_2O$$
$$\longrightarrow CH_3· \xrightarrow{+O_2} CH_3OO·$$

$$CH_3OO· + CH_2O \longrightarrow HCOOH \longrightarrow CO + H_2O$$
$$\longrightarrow CH_3O· \leftrightarrow CH_2(OH)· \xrightarrow{+O_2} CH_2(OH)OO·$$

$$CH_2(OH)OO· + CH_4 \longrightarrow CH_2(OH)OOH \longrightarrow 2H_2O + CO$$
$$\longrightarrow CH_3· \xrightarrow{+O_2} CH_3OO·$$

$$CH_2(OH)OO· \xrightarrow{分解} H_2O + HCOO· \xrightarrow{表面} 销毁$$

$$CH_3OO· \xrightarrow{表面} 销毁$$

$$2CH_2O + O_2 \xrightarrow{表面} 2CO + 2H_2O$$

此反应历程适用于接近 800 K 的温度,此时 $CH_2(OH)OOH$ 分解为 H_2O 和 CO,反应可以以稳态反应的形式进行。而当温度升高到 1 500 K 以上时,$CH_2(OH)OOH$ 的离解作用越来越重要,其将离解成自由基参与到后续反应中。当温度升高到某临界温度时,将导致甲烷和氧的支链发生爆炸。

1.3 瓦斯爆炸特性

矿井瓦斯是指从煤层和岩层中放出的以甲烷为主的气体、矿井生产过程中产生的气体和化学及生物化学作用产生的气体的统称。甲烷是无色、无味、无臭、可以燃烧和爆炸的气体,甲烷对空气的相对密度为 0.554,甲烷的扩散性较强,扩散速度是空气的 1.34 倍。

瓦斯爆炸是指瓦斯与空气混合后,在一定的条件下,遇高温热源发生的热—链式氧化反应,并伴有温度和压力上升的现象。瓦斯爆炸通常会造成巨大的人员伤亡和设施、设备的毁坏,有时还会引起煤尘爆炸、火灾等次生灾害。只有充分了解瓦斯爆炸机理、特性及其传播规律,才能为有效地预防煤矿井下瓦斯爆炸事故提供重要的理论依据,这对保障煤矿的安全生产具有重要的现实意义。

1.3.1 燃烧速度和火焰速度

燃烧速度 S_b 是指火焰在未燃混合气体中的传播速度,它与反应物质有关,是反应物质的特征量。常温、常压下的层流燃烧速度叫基本燃烧速度。大量实验证明,燃料与氧气混合物的基本燃烧速度比燃料与空气混合物的基本燃烧速度高一个数量级,如甲烷-氧气混合物的基本燃烧速度为 4.5 m/s,而甲烷-空气混合物的基本燃烧速度则只有 0.40 m/s[5]。

紊流燃烧速度较难测量,而层流燃烧速度较易测量。紊流燃烧速度的测定易受各种条件的影响,如气体流动中的耗散性、界面效应、管壁摩擦、密度差、重力作用、障碍物绕流及射流效应等可能引起湍流和漩涡,使火焰不稳定,其表面变得皱褶不平,从而增大火焰面积、体积和燃烧速率,增强爆炸破坏效应。

火焰速度 S_p 是指火焰相对于静止坐标系的速度,取决于火焰阵面前气流的扰动情况,可用高速摄影法、电离探针法和光导纤维探头法以及热电偶探测法直接测出。火焰速度在每秒数米到数百米之间变动,当火焰加速为爆轰时,则可达到 1 800~2 000 m/s。设未燃气体的流动速度为 u_n,则火焰速度可表示为:

$$S_p = S_b + u_n \tag{1-8}$$

1.3.2 火焰温度

一定比例的可燃气体和空气的混合物产生的燃烧爆炸,它们的热量包括两部分:一是由可燃气体和空气带入的物理热量;二是它们发生化学反应放出的热量。如果反应是在绝热条件下进行的,这两部分热量都用来加热反应物,这时反应产物所能达到的温度称为理论燃烧温度,也称为火焰温度。严传俊、范玮编著的《燃烧学》给出的定义是:当空气-燃料比和温度一定时,绝热过程燃烧产物所达到的温度,称为绝热燃烧温度或火焰温度[6]。火焰温度是决定可燃气体爆炸破坏力大小的一个重要参数,可以根据爆炸热效应来进行计算。

爆炸热效应的计算是依据盖斯定律,即在定容或定压条件下,反应的热效应与反应的途径无关,而只取决于反应的初态和终态。燃料空气混合物的爆热 Q 可由下式计算:

$$Q = -\Delta H = -\left[\left(\sum n_j \Delta H^0_{j,298}\right) - \left(\sum n_j \Delta H^0_{i,298}\right)\right] \qquad (1\text{-}9)$$

式中,带有下标 j 的表示产物,带有下标 i 的表示反应物。

假设爆炸过程是绝热的,爆炸反应所放出的热量全部用来加热爆炸产物,则定压爆炸反应热效应 Q_P 可由下式得到:

$$Q_P = \int_{T_0}^{T_f} c_p \mathrm{d}T = (T_f - T_0)\sum n_j c^0_{pj} \qquad (1\text{-}10)$$

式中 c_p——比定压热容。

假定一火焰温度 T_{f1},算得对应的爆炸反应热 Q_{P1},与式(1-9)计算出的爆热 Q 进行比较,如果 $Q_{P1} \neq Q$,则再假设另一火焰温度 T_{f2},得到与其对应的爆炸反应热 Q_{P2};如果 $Q_{P2} = Q$,则 T_{f2} 就是所求的火焰温度 T_f,否则用线性插值法可以求得火焰温度 T_f。

1.3.3 定容爆炸压力

理论上定容爆炸是指在刚壁容器内瞬时整体点火,且系统绝热,即不考虑容器壁的冷却效应与气体泄漏而带走的热损失情况下的爆炸,因此定容爆炸压力应当是爆炸最高压力。实际上,瞬时整体点火是不可能的,一般是在球形容器中心点火。在这种情况下测得的峰值压力接近于定容爆炸压力,因为只有火焰接近于球内壁时,才会产生壁面导热冷却效应,虽然此压力维持时间极短,并很快就衰减下去,但此时压力峰值接近定容爆炸压力值。

可燃气体混合物的爆炸压力与初始压力、温度、浓度、组分以及容器的形状、大小有关。如果已确定可燃气体的理论燃烧温度,则其定容爆炸压力可以利用理想气体状态方程计算得到,其计算公式如下:

$$p_f = p_i \frac{n_f T_f}{n_i T_i} \qquad (1\text{-}11)$$

式中,p_i、n_i、T_i 分别为初始压力、摩尔数和温度,p_f、n_f、T_f 分别为终态压力、摩尔数和温度。

由于一般的混合气体爆炸前后摩尔数变化很小,所以实际上定容爆炸压力主要取决于火焰温度 T_f。普通燃料空气混合物的火焰温度大约为 8～9 倍初始温度,因而定容爆炸压力(绝对值)大约为 $(8\sim9)\times10^5$ Pa,超压为 $(7\sim8)\times10^5$ Pa。

对于一个球形密闭容器,理论定容爆炸压力波形如图 1-3 中虚线 a 所示。它对应于瞬时整体点火,且系统是绝热的,即不通过容器壁与外界进行热交换,而容器内也没有任何耗散效应。这种理想化的波形实际上是不存在的。

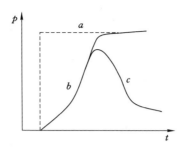

图 1-3　定容爆炸压力波形

对于中心点火,如果没有热损失,则压力极限值能维持(图 1-3 中曲线 b 所示)。一般情况下都存在热交换,所以压力未达到理论极限值就衰减(图 1-3 中曲线 c 所示)。曲线 c 是在密闭容器内实测到的压力波形,从此压力波形可看出,爆炸过程分为三个阶段:

① 爆炸压力上升阶段。该阶段的特点是爆炸反应放出的能量大于向周围热传导而损失的能量,因此反应过程中能量不断增加,导致压力不断上升,压力上升速率与化学反应动力学和燃烧速度有关。

② 爆炸压力最高点。当爆炸反应放出的能量等于向周围热传导而损失的能量时,爆炸压力达到最大。此值大小与化学反应热效应和热力学有关。

③ 爆炸压力衰减区。当爆炸反应放出的能量小于向周围热传导而损失的能量时,压力开始逐渐下降,能量损失的主要原因是容器器壁的冷却效应和气体泄漏而带走能量所致,因此压力衰减快慢与热传递和可压缩气体的流动有关。

1.3.4　爆炸压力上升速率及爆炸特征值

爆炸压力上升速率定义为压力-时间曲线上升段拐点处的切线斜率,即压力差除以时间差所得的商,如图 1-4 所示。压力上升速率是衡量燃烧速度的重要指标。爆炸压力上升速率越大,由于泄压时间越短,爆炸产生的破坏力越大。爆炸压力上升速率主要与燃烧速度和化学反应容器体积有关。可燃气体的燃烧速度越快,其爆炸压力上升速率越大;反应容器的容积越大,其爆炸压力上升速率越小。可燃气体(或蒸气)的爆炸压力上升速率与体积的关系可用“三次方定律”表示,即:

$$(dp/dt)_{max} \cdot V^{1/3} = K_G \tag{1-12}$$

这就是说,爆炸压力上升速率与容器体积的立方根的乘积等于常数。上式成立的四个条件为:容器形状相同;可燃气的最佳混合浓度相同;可燃气与空气混合气的湍流度相同;点火源或点火能相同。在上述条件下,K_G 的值可看作一个特定的物理常数。通常把 K_G 称为可燃混合气体爆炸特征值,用来评价各种可燃混合气体的爆炸危险程度,K_G 值越大,爆炸危险程度越大。

1.3.5　点火能量和点火温度

在工业安全技术中,可燃气体爆炸的最小点火能量 E_{min} 是衡量可燃气体点

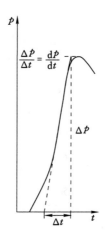

图 1-4 爆炸压力上升速率的定义

火敏感度的一个参量。

可燃气体的点火能量很低,只有几十到几百微焦耳量级,因此极易被点燃。常见碳氢化合物和空气混合气体的最小点火能约为 0.25 mJ 量级。取人体的平均电容为 200 pF,化纤衣服的静电位为 15 kV,则其放电能量为 22.5 mJ,这足以点燃可燃气体。

参考文献[7]给出的最小点火能量理论计算式为:

$$H_{理论} = \frac{\pi}{4} d^3 K c_p T_u \left(1 - \frac{T_u}{T_b}\right) \tag{1-13}$$

式中 d ——临界最小火焰直径,等同于实验测得的熄灭距离;

        c_p ——比定压热容;

        T_u ——未燃气体温度;

        T_b ——已燃气体温度;

        K ——Karlovitz 数。

上式表明,$H_{理论}$ 大体上与 d^3 呈正比,对于高温、快速燃烧的混合物来说,$H_{理论}$ 与 $H_{实验}$ 吻合得相当好,但对于低温、缓慢燃烧的混合物来说,偏差则较大。

而参考文献[8]给出的最小点火能量理论计算式如下式所列,认为最小点火能量大约正比于热传导系数和火焰温度,反比于燃烧速度。

$$H_{理论} = \alpha \frac{k}{S_b} (T_b - T_u) \tag{1-14}$$

式中 α ——近似常数,约等于 40;

        k ——热传导系数;

        S_b ——燃烧速度;

        T_b ——已燃气体温度;

T_u——未燃气体温度。

瓦斯-空气混合气体只有在大于某一温度的点火源作用下,才能被点火发生爆炸,即瓦斯爆炸有一最小点火温度。甲烷-空气混合气体的点火能不到 1 mJ,最小点火温度一般低于 600 ℃,所以各种点火源均有可能点燃达到爆炸极限的甲烷。

1.4　瓦斯爆炸特性研究现状

1.4.1　瓦斯爆炸特性实验研究现状

瓦斯爆炸极限及爆炸参数的测定方面,国内外研究者进行了大量的实验研究,测定了不同条件下的瓦斯爆炸极限及爆炸参数的变化情况。

初始温度、初始压力、气体浓度、容器体积等条件都不同程度地影响了瓦斯爆炸极限及爆炸参数。库珀(C. M. Cooper)和维泽维斯(P. J. Wiezevich)[9]研制了一种高温高压条件下气体混合物的点火方式,并测定了常温常压到高温高压(480 ℃,230 atm)条件下甲烷-空气混合气体的爆炸极限。实验结果表明:较低的氧含量和温度条件下的混合气体需要在更高的压力下才能成功点火;温度或压力的升高,都可以使混合气体燃烧所需的氧含量降低;当温度高于 400 ℃时,将发生自发性反应;在高压条件下,混合气体的氧气在爆炸反应中不会被完全消耗。卡隆(M. Caron)等[10]对不同压力(0.2~4.7 MPa)条件下,不同浓度[30%~83% vol]的甲烷-空气混合气体的自动点燃温度(AIT)和冷焰温度(CFT)进行了实验研究,实验结果表明:AIT 和 CFT 随压力升高而降低,且甲烷的爆炸上限与 CFT 有关。诺尔曼(F. Norman)和范登·塑尔(F. Van den Schoor)等[11-13]利用 8 dm³ 球形容器测定了不同压力条件下,空气中不同浓度丙烷的爆炸上限及自动点火温度。实验发现,丙烷点火温度随实验压力的升高而降低,另外,他们还通过对不同压力条件下点火位置对爆炸压力的影响研究,提出中心点火不适宜用来确定爆炸极限附近的爆炸压力。除此之外,还研究了不同初始温度和压力条件下的爆炸上限变化规律。罗祖(D. Razus)等[14-16]在不同容积的封闭爆炸容器中,对不同初始压力和浓度条件下的一种液化石油气的最大爆炸压力和最大压力上升速率进行了实验测定。另外,还对不同初始温度、初始压力及浓度下的丙烷的爆炸特性进行了实验研究,探讨了初始温度、初始压力和燃料浓度对爆炸反应的爆炸压力、爆炸时间的影响。卡斯道尔(K. L. Cashdollar)等[17]曾在 20 L 及 120 L 爆炸容器中,对静止及紊流状态下的甲烷等可燃气体的爆炸压力、压力上升速率及爆炸极限进行了实验研究。佩卡尔斯基(A. A. Pekalski)、吉拉斯(M. Gieras)等[18-19]通过对不同初始温度条件下甲烷爆炸过程中压力变化的实验研究,得到了甲烷爆炸压力在不同初始温度下的变化规律,并发现随着初始温度的升高,最大爆炸压力降低,而最大压力上升速率的变化并不是很大。博尔克(J. W. Bolk)等[20]在不同温度和压力条件下,对处于流动状态的乙烯/空气/氮气混合气体的爆炸极限进行了实验测定,提出了可忽略反应、局部反应和爆炸反应三个概念,实验结果表明,温度的升高或压力的增大都将使混合气体的爆炸极限范围扩大。高桥松文(Akifumi Takahashi)等[21]对甲烷爆炸极限测量中点火用金属线及电压进行了实验研究,通过对比不同的直径及材质的金属线及不同电压值的直流电和交流电,得到了在爆炸极限测量实验中,点火阶段使用熔点较高的金属丝及较高的直流电更为合适。

为了有效防止和治理煤矿井下瓦斯爆炸事故,国内的一些研究机构和研究人员也对瓦斯爆炸极限及爆炸特性参数进行了大量的实验研究。李润之等[22-23]对初始压力和点火能量对瓦斯爆炸特性的影响规律进行了实验研究,研究结果表明:随着点火能量升高或者初始压力的升高,瓦斯爆炸的最大爆炸压力及最大压力上升速率均变大,点火延迟时间随之缩短,爆炸极限范围变宽;点火能量和初始压力两者对瓦斯爆炸上限的耦合影响要比两者单一因素影响时的效果明显。其还对不同环境温度条件下瓦斯爆炸的压力及最大压力上升速率进行了实验研究。卢捷[24]在15～80 ℃的初始温度及0.1～0.2 MPa的初始压力条件下,运用20 L爆炸实验装置测定了煤气的爆炸极限及最小点火能量,并根据实验结果总结了煤气爆炸极限与爆炸压力和温度的定量关系。黄超等[25]对高温条件下烷烃的爆炸极限进行了实验测定,实验中的爆炸容器为20 L圆柱形不锈钢容器,并根据实验结果总结出了烷烃爆炸上限及爆炸下限与温度之间的定性关系。周西华等[26]对瓦斯爆炸极限的影响因素进行了实验研究,通过实验数据的分析绘制了瓦斯爆炸三角形,并且对瓦斯爆炸危险性进行了传统的和新的惰化分区,可以用来确定煤矿采空区或火区气体的爆炸危险性。路林等[27]利用定容燃烧弹,分析了初始温度、初始压力和当量比对天然气燃烧过程的影响,分析得到在稀混合气和浓混合气条件下初始条件对燃烧过程的影响更为显著。刘振翼[28]在初始温度处于15～150 ℃之间时,测定了原油蒸气的爆炸极限和临界氧含量,对实验结果分析得到温度的升高使原油蒸气的爆炸极限范围变宽,临界氧含量降低。研究人员[29-39]还对可燃气体、惰性气体及细水雾等的混入、氧含量等对瓦斯爆炸过程的影响进行了实验研究。研究表明,可燃气体的混入,氧含量增加都可以扩大可燃气体的爆炸极限,而惰性气体的加入则缩小了爆炸极限,不同成分的混入还对瓦斯爆炸压力等爆炸特性产生了不同的影响。

目前,瓦斯爆炸特性的实验研究基本是在密闭容器中进行的,此种方法具有一定的危险性,而与实际情况接近的大规模实验研究实现起来比较困难。因此,目前研究只得到了部分条件下瓦斯爆炸极限及最大爆炸压力、最大压力上升速率等爆炸参数,而瓦斯爆炸过程的温度、密度等的流场分布情况则很难由实验得到。因此,需要继续探索瓦斯爆炸特性的实验研究方法。

1.4.2　瓦斯爆炸特性数值模拟研究现状

在瓦斯爆炸过程的研究中,实验研究虽然所得结果真实可信,但是由于实验方法和实验设备的局限性,只能进行某些特定条件下的瓦斯爆炸过程的研究,而且有些爆炸参数的实验测定也很难实现。随着计算流体力学的发展,国内外研究人员对气体爆炸过程进行了数值模拟研究,研究内容涉及计算模拟模型的建立、详细爆炸流场的计算等方面,数值模拟研究越来越显现出明显的优势,逐渐成为研究气体爆炸特性和发展传播规律的主要研究手段之一[40]。

受限空间可燃气体爆炸过程实质上是燃烧快速发展的过程,是伴随化学反应的不定常流动过程。20 世纪 90 年代初期,欧洲实施了气体爆炸的模型和实验研究工程(Modeling and Experimental Research into Gas Explosions, MERGE),主要进行气体爆炸模型的研究[41]。研究人员对气体爆炸传播过程、火焰特性及爆炸特性进行了大量的数值模拟研究[42-47]。乌尔里希(Ulrich)[48]利用火焰轨迹方法对密闭管道内可燃气体混合物爆炸过程进行了数值模拟,所用的方法可以用来预测管道内气体爆炸的最大爆炸压力、压力上升速率和火焰达到管内某处的时间。米歇尔(Michele)等[49]借助于 AutoReaGas 软件进行数值模拟研究,通过对容器管道系统内气体爆炸过程模拟和分析发现,容器管道系统内产生的最大爆炸压力和压力上升速率比单个装置产生的要高得多,且气体爆炸强度受管道直径的影响较大。

经过大量的数值模拟研究,国内对瓦斯等可燃气体爆炸的数值模拟方面也取得了一定的进展。张延松等[50]以普遍应用的流场为模拟平台,开发了瓦斯、煤尘爆炸数值仿真软件。此软件的建立以大型巷道内瓦斯爆炸及瓦斯煤尘爆炸的传播实验数据为基础,可以对煤矿瓦斯或瓦斯煤尘爆炸事故过程进行有效的模拟,并可以较准确地模拟瓦斯爆炸的爆燃转爆轰、煤尘参与爆炸情况、爆炸冲击传播速度、衰减规律及爆炸灾害的波及范围。郭文军[51]将特征线方法应用到一维密闭容器中气体爆炸的模拟研究中,计算得到了气体爆炸过程中压力、密度等随反应时间的变化情况。宫广东等[52]利用 AutoReaGas 软件对管道中瓦斯的爆炸特性进行了定量研究,通过改变反应的初始温度、初始压力、管道内障碍物形状、尺寸安放位置等条件,得到瓦斯爆炸超压及火焰速度随条件改变的变化情况。王秋红等[53]运用 Fluent 软件对可燃气体在 20 L 近球形密闭罐内的进气流场及爆炸后的火焰传播过程进行了数值模拟,模拟结果直观地再现了气体的进气扰动状况和中心点火的火焰传播过程。严清华[54]利用 Bakke-Hjergater 燃烧模型,通过改进的 SIMPLE 算法来处理压力-速度耦合过程并编制了计算程序,对球形密闭容器内可燃气体的爆炸过程进行数值模拟,得到爆炸后压力、速度、组分浓度、温度等流场参数对反应时间、空间的变化规律。

在甲烷燃烧爆炸的数值模拟中,很多学者采用了两步反应机理,认为甲烷燃烧反应分为两步进行,且各步的控制机理和能量释放不同[55]。为了更准确地描述甲烷燃烧爆炸过程,越来越多的学者在研究中开始使用甲烷燃烧爆炸反应的详细反应机理。徐景德等[56]结合基元化学反应模型与爆炸过程的数学模型,基于激波诱导瓦斯爆炸的19步的反应机理,建立了三维非定常守恒方程,采用迎风的 TVD 格式对方程进行数值离散,数值模拟了氢氧燃烧驱动点燃甲烷和空气混合气体的爆炸过程。梁运涛、李艳红等[57-58]通过修改化学动力学计算软件 CHEMKIN Ⅲ 中的 SENKIN 子程序包,采用甲烷燃烧的 GIR-Mech 3.0 详细反应机理,对不同初始压力条件下的瓦斯爆炸压力、温度、反应物摩尔分数及致灾气体的变化情况进行了模拟,并对瓦斯爆炸基元反应的敏感性进行了模拟分析,得到了促进甲烷爆炸反应及 CO 与 CO_2 生成的关键反应步骤。

瓦斯爆炸的数值模拟研究可以综合各种不同因素的影响,对爆炸过程进行细致的描述,在一定程度上可以弥补理论和实验研究的局限性。然而,由于实际反应情况的复杂性,很难准确地对现象进行模型化处理,且在运用相关软件进行计算时,软件所用算法的适应性都会影响数值模拟的准确性。而且在用数值模拟进行实际规模的模拟计算时,由于相关实验数据的不完善,很难确定计算结果的可靠性。

2 环境因素对瓦斯爆炸特性的影响理论分析

2.1 引　　言

　　瓦斯爆炸过程是复杂的物理化学过程,在爆炸过程中以较快的速度释放巨大的能量。在对其的研究过程中涉及化学动力学、燃烧学、爆炸力学等诸多学科的内容,综合运用各学科的基础理论,能够全面地对瓦斯爆炸的发展过程进行描述。由于爆炸反应对于外界条件改变的敏感性,瓦斯爆炸的发生、发展过程都受不同初始条件的影响,例如初始温度、初始压力、点火能量、组分浓度、气体和粉尘的混入等都会对爆炸过程产生不同的影响。

2.2 初始温度对瓦斯爆炸特性的影响

2.2.1 初始温度对化学反应速率的影响

　　初始温度是影响化学反应速率的一个重要因素,并且它对化学反应速率的影响非常显著,瓦斯混合气体燃烧爆炸反应速率同样也受初始温度的影响。我们可以用范特霍夫(Van't Hoff)法则和阿伦尼乌斯(Arrhenius)定律来表示温度与反应速率的关系。

　　(1) 范特霍夫(Van't Hoff)法则

　　通常认为温度对浓度的影响可以忽略,因此反应速率随温度的变化体现在速率常数随温度的变化上。实验表明,反应温度每升高 10 K,其反应速率变为原来的 2~4 倍,即:

$$\frac{k_{T+10}}{k_T} = 2 \sim 4 \tag{2-1}$$

式中　　k_T ——温度 T 时的速率常数;

　　　　k_{T+10} ——同一化学反应在温度为 $T+10$ 时的速率常数。

　　范特霍夫法则是一个经验公式,在数据资料不多的情况下可以近似使用。

　　(2) 阿伦尼乌斯(Arrhenius)定律

　　活化能是衡量反应物化合能力的主要指标,活化能的大小对化学反应速率的影响十分显著。活化能越低,则反应物中具有等于或大于活化能数值的活化分子数就越多,因而化合能力就越强,在其他条件相同的情况下,化学反应速率就越高。同一反应物具有相同的活化能,而温度越高,其反应物中等于或大于活化能数值的活化分子数就越多,则化学反应速率就越高。

温度对反应速度的影响极为明显,这在物理上是很容易理解的,因为温度升高,反应物分子运动速度增加,反应时分子与分子之间碰撞的概率增加,从而使得反应速度加快。在反应的活化能为 5×10^4 kJ/mol 时,若温度升高 10 ℃,即由常温 270 K 升高到 280 K,则反应速度增加的倍数为:

$$\frac{k_{280}}{k_{270}} = e^{\frac{E_a}{R}\left(\frac{280-270}{280 \times 270}\right)} = 2.2 \tag{2-2}$$

即温度升高 10 ℃,反应速度增加了 2.2 倍,如果反应的活化能大,则温度对反应速度的影响更为明显。

阿伦尼乌斯研究了许多气相反应速率,揭示了反应的速率常数与温度的依赖关系,从实验结果总结出温度对反应速率影响的经验公式为:

$$k = \alpha T^{\beta} \exp(-E_a/RT) \tag{2-3}$$

式中　　E_a ——活化能;

　　　　R ——气体常数;

　　　　α, β ——反应速度的系数;

　　　　T ——反应温度。

由阿伦尼乌斯定律可知,温度对反应速率的影响呈指数函数关系,主要是由于当温度增高时活化分子数目迅速增多。在相同浓度的条件下,温度越高,分子热运动越剧烈,分子碰撞次数就越多,化学反应速率就越高。

不同的基元反应,其反应的活化能会有不同,但活化能的大小对化学反应速率的影响程度都不如具有指数形式的温度影响强烈。

2.2.2　初始温度对爆炸压力的影响

密闭容器中的爆炸发展过程是比较复杂的,在一般情况下没有解析解。采用等温模型(图 2-1),作出近似假设条件,在简化模型的基础上推导温度与爆炸表征参数的解析关系式。等温模型的基本假设是已反应物质(燃烧产物)的温度 T_b 和未反应物质(初始反应物)的温度 T_u 在爆炸发展过程中始终不变,即:

$$\begin{cases} T_b = T_f = 常数 \\ T_u = T_i = 常数 \end{cases} \tag{2-4}$$

式中　　T_f ——燃烧终态产物温度,由热化学计算得到;

　　　　T_i ——反应物初始状态温度,一般为常温。

燃料总质量等于未燃质量 m_u 和已燃质量 m_b 之和,用平均分子量表述为:

$$m = \overline{M}_{li} n_{li} + \overline{M}_b n_b \tag{2-5}$$

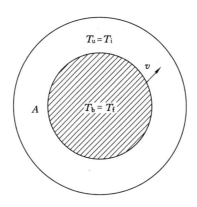

图 2-1　瓦斯爆炸等温模型

式中　$\overline{M}_{li}$, $\overline{M}_b$ ——未燃和已燃燃料的平均分子量；

　　　n_{li}, n_b ——未燃和已燃燃料的物质的量。

根据理想气体状态方程,定容爆炸压力可以表述为：

$$p_f = p_i \frac{n_f T_f}{n_i T_i} \tag{2-6}$$

式中　p_i ——初始压力；

　　　n_i ——未反应气体摩尔数；

　　　T_i ——初始温度。

下标 f 指终态参数。

根据反应前后质量守恒和式(2-5),式(2-6)可以改写为：

$$p_m = \frac{\overline{M}_u T_b}{\overline{M}_b T_u} p_i \tag{2-7}$$

根据定容爆炸压力的性质可知,反应终态压力 p_f 即为最大爆炸压力 p_m。

压力上升速率的计算可由反应过程燃烧质量变化速率推算给出,根据最大爆炸压力关系式(2-7)和气体状态方程,爆炸压力最大上升速率可表述为：

$$\left(\frac{dp}{dt}\right)_m = \frac{\alpha K_r A T_b}{V T_u} \frac{\overline{M}_u}{\overline{M}_b} \left(\frac{\overline{M}_u T_b}{\overline{M}_b T_u} - 1\right) p_0 \tag{2-8}$$

式中　α ——反应的湍流度；

　　　K_r ——可燃混合物在常温下的燃烧速率；

　　　A ——火焰阵面的面积；

　　　V ——爆炸容器的容积。

当初始温度 $T_i \approx T_u$ 时,对最大压力和最大压力上升速率影响不大,而主要受火焰温度 T_b 的影响。通过大量热化学计算,归纳出如下燃烧温度与初始温度的关系式：

$$T_b = K_1 T_u + K_2 \tag{2-9}$$

式中　K_1——比例系数；

　　　K_2——常数项系数。

9.9%的 CH_4 和 90.1%的空气混合物爆炸时，最大压力表达式可为：

$$p_m = p_0 \frac{\overline{M_u}}{\overline{M_b}}\left(0.75 + \frac{4\ 170}{T_u}\right) \tag{2-10}$$

这说明，p_m 随 T_u 增加而减小（如果 $\overline{M_u}/\overline{M_b}$ 是常数）。

同样，初始温度对最大爆炸压力上升速率的影响可表述为：

$$\left(\frac{\mathrm{d}p}{\mathrm{d}t}\right)_m = \frac{\alpha K_r A p_0}{V T_u^2}\left(\frac{\overline{M_u}}{\overline{M_b}}\right)^2\left[\left(0.75 - \frac{\overline{M_u}}{\overline{M_b}}\right)0.75 T_u^2 + \left(1.50 - \frac{\overline{M_u}}{\overline{M_b}}\right)4\ 170 T_u + 4\ 170^2\right] \tag{2-11}$$

该式表明，$\left(\dfrac{\mathrm{d}p}{\mathrm{d}t}\right)_m$ 是 T_u 的二次函数。$\overline{M_u}/\overline{M_b}$ 为固定值。从式（2-11）可看出，T_u^2 和 T_u 的系数项与常数 $4\ 170^2$ 相比要小得多。

2.2.3　初始温度对爆炸极限的影响

当初始温度升高时，其可燃气体分子内能增加，使更多的气体分子处于激发态，更容易受热成为活化分子，活化分子增多更容易使初始反应形成链式连锁反应。温度的升高加快了分子的运动速率，使发生反应的分子有效碰撞次数增多，原来不燃的混合气体成为可燃、可爆系统，所以温度升高使爆炸危险性增大。所以，初始温度越高，爆炸极限范围越大，即爆炸下限降低而爆炸上限增高。根据Burgess-Wheeler 法则，Zabetakis 等人给出了修正式，若温度 t 时的爆炸下限为 L_t，25 ℃时的下限为 L_{25}，则爆炸下限的计算关系式[59]为：

$$L_t = [1 - 0.000\ 721(t - 25)] \times L_{25} \tag{2-12}$$

从热力学负熵机理的角度出发，运用热力学参数研究可以建立可燃性气体爆炸极限的计算公式。依据耗散结构理论，在一个敞开系统中，系统与环境间既有物质交换也有能量的交换，因此系统中的熵可分为两部分[60]：一部分是系统内不可逆过程产生的，称为熵产生（Entropy production），用 $\mathrm{d}S_p$ 表示；另一部分是由系统和外界环境交换引起的，称为熵流（Entropy flux），用 $\mathrm{d}S_f$ 表示。于是敞开系统的熵为：

$$\mathrm{d}S = \mathrm{d}S_p + \mathrm{d}S_f \tag{2-13}$$

在爆炸过程中，可燃性气体甲烷在空气中的氧化反应往往是不充分的，且可燃性气体在浓度不同时其爆炸反应率也不同。在计算可燃性气体的爆炸极限时需引入实际爆炸反应率，设实际爆炸反应率为 K'。

$$K' = \frac{K}{a} \tag{2-14}$$

式中 K ——平均反应率；

a ——与反应浓度有关的爆炸反应率的校正系数。

在容积为 V 的爆炸容器内，浓度为 $C_1(\%)$ 的可燃气体反应时所放出热量造成的熵增量为 $K'C_1QV/T$，其中 Q 为可燃气体的低热值(kJ/m^3)，T 为引燃火源的温度。爆炸容器内 CH_4 与空气自身耗散热量所导致的熵变化为 $[(C_1c_{p1} + C_2c_{p2})\Delta T]/T$，其中 c_1、c_2 分别为混合气体中爆炸性气体和空气的浓度($\%$)，c_{p1}、c_{p2} 为 $25\sim645$ ℃时爆炸性气体和空气的比定压热容[$kJ/(mg \cdot k)$]，ΔT 为爆炸性气体的最低引燃温度与室温的温差。

根据热力学第二定律，对于一个隔离体系，一切能自动进行的过程，都引起熵的增大，即 $dS_p \geqslant 0$。欲使系统稳定、不爆炸，应使熵产生为零，即 $dS = 0$ 是我们计算爆炸上限、下限的前提和基础。

根据稳定系统熵的变化定律，推算得到在初始温度变化的情况下甲烷爆炸上限和爆炸下限的计算公式：

$$C_{上} = \frac{0.21KQ - a_{上}c_{p2}N\Delta T}{a_{上}(c_{p1} - c_{p2})N\Delta T + 0.21KQ} \tag{2-15}$$

$$C_{下} = \frac{a_{下}c_{p2}\Delta T}{KQ - (c_{p1} - c_{p2})\Delta T} \tag{2-16}$$

由上述两式可知化学反应与温度有很大关系。经计算，瓦斯气体的环境温度越高，则爆炸上限越大，爆炸下限越小，所以瓦斯爆炸极限范围随初始温度的增加而变大。通过公式可以近似计算爆炸极限的变化规律，但需要实验数据的验证。

2.3 初始压力对瓦斯爆炸特性的影响

2.3.1 初始压力对最低点火温度的影响

最低点火温度随外界瓦斯、氧气的浓度和压力的变化而变化，在其他条件不变时，由于初始压力的变化导致瓦斯点燃温度的变化可按照下式计算[61-62]：

$$\ln\left(\frac{p_0}{T_0}\right) = \frac{A_1}{T_0} + B_1 \tag{2-17}$$

或者按下式计算[63,64]：

$$\ln(p_0) = \frac{A_2}{T_0} + B_2 \tag{2-18}$$

式中 p_0 ——初始压力，kPa；

T_0 ——瓦斯空气混合气体的最低点火温度，K。

在压力变化范围不大时，这两个式子是等效的。

从式(2-17)和式(2-18)可以看出，初始压力的上升，使得最低点火温度下降。相应地,瓦斯-空气混合气体更容易被点燃,进而发生瓦斯爆炸。这是因为,初始压力的上升,使得分子之间的距离更近,分子碰撞频率变高,相同条件下,着火所需的温度就会变小。

2.3.2　初始压力对爆炸上限的影响

初始压力越大,相同条件下瓦斯爆炸越容易形成点火,使得瓦斯爆炸极限范围变大。

在高压情况下,瓦斯爆炸上限 UEL 会发生变化,一般都是升高。在确定的压力和温度条件下,即使压力稍微升高,可燃范围都会明显增加。

Vanderstraeten 等[65]研究了甲烷和空气混合物的爆炸上限与压力之间的关系,根据实验数据得到了压力与爆炸上限 UEL 的关系式:

$$UEL(p_0) = UEL(p_a)\left[1 + a\left(\frac{p_0}{p_a} - 1\right) + b\left(\frac{p_0}{p_a} - 1\right)^2\right] \quad (2\text{-}19)$$

式中　p_0——实际初始压力;

　　　p_a——标准大气压的值。

不同温度下的 $UEL(p_a)$、a、b 的值可由表 2-1 中查得。

表 2-1　　　　　　　　　　计算 UEL 公式中的常数

$T_0/℃$	$UEL(p_a)/\%$(体积)	a	b
20	15.7	0.046 6	−0.000 269
100	16.8	0.055 2	−0.000 357
200	18.1	0.068 3	−0.000 541
410	20.8	0.078 2	−0.000 691

2.3.3　初始压力对爆炸压力的影响

对于常温常压下的定容爆炸,如果已确定可燃气体的理论燃烧温度,则其定容爆炸压力可以利用理想气体状态方程计算得到。理想气体状态方程对压力不太高、温度不太低的气体普遍适用,但对于高压环境下,各种气体行为无一例外地偏离了理想气体,这就需要引入一个适用于真实气体的状态方程,即范德华方程[66]。这个状态方程是基于对理想气体进行以下两方面的修正而获得的。

(1) 分子本身体积所引起的修正

由于理想气体模型是将分子视为不具有体积的质点,故理想气体状态方程式中的体积项应是气体分子可以自由活动的空间。

设 1 mol 真实气体的体积为 V_m,由于分子本身具有体积,则分子可以自由活动的空间相应要减小,因此必须从 V_m 中减去一个反映气体分子本身所占有体积的修正量,用 b 表示。这样,1 mol 真实气体的分子可以自由活动的空间为

$(V_m - b)$，理想气体状态方程则修正为：

$$p(V_m - b) = RT \tag{2-20}$$

式中的修正项可通过实验方法测定，其数值约为 1 mol 气体分子自身体积的 4 倍。常用单位为 m^3/mol。

(2) 分子间作用力引起的修正

在温度一定的条件下，由理想气体状态方程可以看出，理想气体压力 p 的大小只与单位体积中分子数量有关，而与分子的种类无关。满足这一点必须是分子间无相互作用力，但是真实气体分子间存在相互作用力，且一般情况下为吸引力。在气体内部，一个分子受到其周围分子的吸引力作用，由于周围气体分子均匀分布，故该分子所受的吸引力的合力为零。但对于靠近器壁的分子，其所受到的吸引力就不均匀了。其后面的分子对它的吸引力所产生的合力不为零，而且指向气体内部，这种力称为内压力。内压力的产生势必减小气体分子碰撞器壁时对器壁施加的作用力。所以真实气体对器壁的压力要比理想气体的小。内压力的大小取决于碰撞单位面积器壁的分子数的多少和每个碰撞器壁的分子所受到向后拉力的大小。这两个因素均与单位体积中分子个数成正比，即正比于 $1/V_m$，所以内压力应与摩尔体积的平方成反比。设比例系数为 a，则内压力为 a/V_m^2。比例系数 a 取决于气体的性质，它表示 1 mol 气体在占有单位体积时，由于分子间相互吸引而引起的压力减小量。若真实气体的压力为 p，则气体分子间无吸引力时的真正压力为 $(p + a/V_m^2)$。

综合上述两项的修正，可得范德华方程的具体形式如下：

$$\left(p + \frac{a}{V_m^2}\right)(V_m - b) = RT \tag{2-21}$$

其中　　V_m——摩尔体积；

　　　　a, b——范德华常数，对于某些气体其范德华常数的取值如表 2-2 所列。

表 2-2　　　　　　　　　　某些气体的范德华常数

气体	$10 \times a/(Pa \cdot m^6 \cdot mol^{-2})$	$10^4 \times b/(m^3 \cdot mol^{-1})$
H_2	0.247 6	0.266 1
N_2	1.408	0.391 3
O_2	1.378	0.318 3
CO_2	3.640	0.426 7
H_2O	5.536	0.304 9
CH_4	2.283	0.427 8

对于恒容状态下的瓦斯爆炸，由于反应前后物质的量保持不变，因此摩尔体

积 V_m 不变。通过范德华方程计算出初始温度和初始压力下的摩尔体积,从而计算出爆炸反应后的压力。

$$\frac{\left(p_f + \dfrac{a}{V_m^2}\right)(V_m - b)}{T_f} = \frac{\left(p_i + \dfrac{a}{V_m^2}\right)(V_m - b)}{T_i} \tag{2-22}$$

整理得

$$p_f = \frac{\dfrac{a}{V_m^2}(T_f - T_i) + p_i T_f}{T_i} \tag{2-23}$$

从式(2-23)可以看出,初始压力的变化明显影响了最终的爆炸压力,初始压力变大,最终爆炸压力将成倍增加。

2.3.4 初始压力对基元化学反应的影响

(1) 化学反应速率常数

考虑以下形式写出的第 r 个反应:

$$\sum_{i=1}^{N} \gamma'_{i,r} X_i \underset{K_{b,r}}{\overset{}{\rightleftharpoons}} \sum_{i=1}^{N} \gamma''_{i,r} X_i \tag{2-24}$$

式中　　N ——系统中化学物质数目;

　　　　$\gamma'_{i,r}$ ——反应 r 中反应物 i 的化学计量系数;

　　　　$\gamma''_{i,r}$ ——反应 r 中生成物 i 的化学计量系数;

　　　　X_i ——第 i 种物质的符号;

　　　　$k_{f,r}$ ——反应 r 的正向速率常数;

　　　　$k_{b,r}$ ——反应 r 的逆向速率常数。

式(2-24)中的和是针对系统中的所有物质,但只有作为反应物或生成物出现的物质才有非零的化学计量系数,因此,不涉及的物质将从方程中清除。

第 i 种质量静生成率由下式确定[67]:

$$\omega_i = \sum_{r=1}^{L} (\gamma''_{i,r} - \gamma'_{i,r})\left(k_{f,r} \prod_{i=1}^{N} [X_i]^{\gamma'_{i,r}} - k_{b,r} \prod_{i=1}^{N} [X_i]^{\gamma''_{i,r}}\right) \tag{2-25}$$

式中　　ω_i ——第 i 种物质的静生成率;

　　　　L ——系统中化学反应数目;

　　　　$[X_i]$ ——第 i 种物质的浓度。

反应 r 的正向反应速率常数 $k_{f,r}$ 通过 Arrhenius 公式计算:

$$k_{f,r} = A_r T^{\beta_r} \exp(-E_r / RT) \tag{2-26}$$

式中　　A_r ——反应 r 的指数前因子;

　　　　β_r ——反应 r 的温度指数;

　　　　E_r ——反应 r 的活化能;

　　　　R ——气体常数。

如果反应是可逆的,逆向反应速率常数 $k_{b,r}$ 可以根据以下关系从正向反应常数计算:

$$k_{b,r} = \frac{k_{f,r}}{K_r} \tag{2-27}$$

式中　K_r——平衡常数,由下式计算:

$$K_r = \exp\left(\frac{\Delta S_r^0}{R} - \frac{\Delta H_r^0}{RT}\right)\left(\frac{p_{atm}}{RT}\right)^{\sum\limits_{r=1}^{N_R}(\gamma''_{i,r} - \gamma'_{i,r})} \tag{2-28}$$

其中 p_{atm} 表示大气压力;ΔS_r^0 和 ΔH_r^0 是标准状态下的熵增量和焓增量;指数函数中的项表示 Gibbs 自由能的变化,其各部分按下式计算:

$$\frac{\Delta S_r^0}{R} = \sum_{i=1}^{N}(\gamma''_{i,r} - \gamma'_{i,r})\frac{S_i^0}{R} \tag{2-29}$$

$$\frac{\Delta H_r^0}{RT} = \sum_{i=1}^{N}(\gamma''_{i,r} - \gamma'_{i,r})\frac{H_i^0}{RT} \tag{2-30}$$

其中 S_i^0 和 H_i^0 是标准状态的熵和标准状态的焓(生成热)。

(2) 初始压力对基元化学反应的影响

在基元化学反应中,对于一些单分子化合反应或双分子分解反应,它们的速率常数不仅取决于温度,还取决于压力,而且 Arrhenius 速率参数对于高压和低压限制都是需要的,通过对两个限制的速率系数进行融合来产生光滑的压力独立表达式。

在 Arrhenius 形式中,高压限制 k_∞ 和低压限制 k_{low} 的表达式如下:

$$k_\infty = A_\infty T^{\beta_\infty}\exp[-E_\infty/(RT)] \tag{2-31}$$

$$k_{low} = A_{low}T^{\beta_{low}}\exp[-E_{low}/(RT)] \tag{2-32}$$

则任意压力下的基元反应速率常数为:

$$k = k_\infty\left(\frac{p_r}{1+p_r}\right)F \tag{2-33}$$

式中的 p_r 定义为:

$$p_r = \frac{k_{low}[M]}{k_\infty} \tag{2-34}$$

其中 $[M]$ 为混合气体的浓度,可以包括第三体效率。F 的取值有三种方式:Lindemann 方法、Troe 方法和 SRI 方法。如果按 Lindemann 形式取值,F 为 1,这种方法较为简单。如果按 Troe 方法取值,F 按下式给出:

$$\log F = \left\{1 + \left[\frac{\log p_r + c}{n - d(\log p_r + c)}\right]^2\right\}^{-1}\log F_{cent} \tag{2-35}$$

式中,$c = -0.4 - 0.67\log F_{cent}$;$n = -0.75 - 1.27\log F_{cent}$;$d = 0.14$;$F_{cent} = (1-\alpha)\exp(-T/T^{***}) + \alpha\exp(-T/T^*) + \exp(-T^{**}/T)$。参数 α、T^{***}、T^{**}、T^* 通过输入给定。

如果按 SRI 方法取值,函数 F 近似为:

$$F = d\left[a\exp\left(\frac{-b}{T}\right) + \exp\left(\frac{-T}{c}\right)\right]^x T^e \qquad (2\text{-}36)$$

$$X = \frac{1}{1 + \log^2 p_r} \qquad (2\text{-}37)$$

式中,a、b、c、d 和 e 由输入给定,以上 Tore 方法和 SRI 方法有较高的精度。

2.4 点火能量对瓦斯爆炸特性的影响

可燃气体爆炸的三要素之一就是有足够能量的点火源,当可燃混合气体从点火源获得超过某一定值的能量时,就被点燃着火。造成瓦斯爆炸的点火源很多,大约有以下几类:明火、热表面、电火花、摩擦和撞击产生的火花、热自燃等。不同的点火源都对应着一定的点火能量,点火能量对瓦斯爆炸特性具有明显的影响。

要分析点火能量对瓦斯爆炸特性的影响,首先要分析最小能量源点爆瓦斯的过程。关于火花点燃的理论,我们注意到火花瞬间建立起来一个很高温度的小气体容积。在火花容积内的温度因热量向周围未燃气体流动而迅速降低。在邻近周围气体的层中,温度上升而引发化学反应,所以形成了近似为球对称向外传播的燃烧波,如图 2-2 所示。燃烧波是否能发展到稳定状态,这取决于起始时温度下降到正常火焰温度左右时着火气体所增至的容积的大小。为能使燃烧波能够连续传播,火焰必须至少扩展至这样的容积,即使核心中的已燃气体和较外层的未燃气体之间的温度梯度具有大致与稳态波情况下温度梯度相同的斜率。若扩展容积太小,则在内部近似呈球形的化学反应区内的释热速率不足以补偿向外部预热未燃气体区放热损失的速率。在这种情况下,向未燃气体散热损失量连续地超过化学反应所得的热量,以致整个反应的容积中的温度降低,反应逐渐停止,燃烧波在原有火花周围仅有少量气体燃烧之后就熄灭。

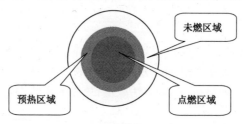

图 2-2　最小火焰模型

从链式反应的角度考虑,瓦斯爆炸的点火过程就是由多个基元反应组合而成的链式反应过程。阿伦尼乌斯指出,只有能量超过一定值(活化能)的分子才能产生化学反应。甲烷爆炸反应的链引发需要一定的能量,以使 C—H 化学键发生断裂产生自由基,而且为了传播火焰,反应速率必须相当快,也就是需要较高的温度,因此必须采用点火源来使低温混合物进入较高温度的爆炸状态。因此,点火能量越大,越容易产生大量的自由基,越容易点爆,爆炸反应也进行的越快。

因此,点火能量越高,越易使内部点燃核心中更多的气体参与反应,从而释放出更多的热量,产生更高的温度用来预热外部未燃区域内的气体,使得外部未燃区域内的气体参与反应,从而反应持续进行下去,形成爆炸。

在瓦斯爆炸上下限附近,由于可燃物或助燃物分子的减少,两种分子的碰撞频率降低,必须给以更高的点火能量,在更大范围内使得更多的分子参与反应来进行释热,这样才能更快加热点火区域外部更多的气体,达到一定的反应速率,使反应能够持续进行下去。因此,点火能量越大,爆炸极限范围变得越宽。

从上述分析可知,点火能量变大,使得瓦斯更容易被点燃,在一定程度上缩短了瓦斯爆炸点火阶段的时间,从而缩短了瓦斯爆炸的诱导期。即点火能量越大,瓦斯爆炸的诱导期越短。同样,点火能量的变大,也使得瓦斯爆炸达到最大爆炸压力的时间缩短,即爆炸压力上升速率变大。

3 单因素对瓦斯爆炸特性的影响实验研究

3.1 引 言

多数学者运用相关测试系统,对甲烷的爆炸极限、爆炸压力等进行了实验测定,相关测试多是在点火能量、初始温度和初始压力等条件变化较小的范围内进行的,而对特殊环境条件影响爆炸极限、瓦斯爆炸特性的研究相对较少。

本章拓展研究了点火能量为 100 mJ～400 J、初始温度为 25～200 ℃、初始压力为 0.1～1.0 MPa 变化范围内甲烷爆炸极限、最大爆炸压力和最大爆炸压力上升速率的变化情况。

3.2 实验系统简介

3.2.1 实验系统

本章实验是在特殊环境 20 L 爆炸特性测试系统中进行,该测试系统主要包括爆炸罐体、配气系统、点火系统、抽真空系统、控制系统和数据采集系统等,其组成示意图如图 3-1 所示。

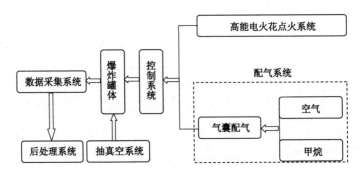

图 3-1 实验系统组成示意图

爆炸罐体与控制系统相连,且罐体安装有压力传感器和温度传感器,以监测罐体内气体的压力和温度变化情况。控制系统通过时序电路控制配气系统和点火系统，并通过无线控制传输器将信号传递给高频数据采集系统。实验系统的工作原理如图 3-2 所示。

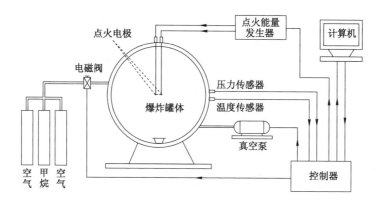

图 3-2　实验系统工作原理图

3.2.2　主要实验装置

（1）爆炸装置

实验系统的主要部分为爆炸罐体，实验气体在爆炸罐体中进行反应。爆炸罐体的容积为 20 L，罐体外设有一夹层，夹层内充有导热油，通过加热导热油来实现罐体内实验气体的升温。20 L 罐体与抽真空系统、控制系统、配气系统、点火系统相连，可实现对罐体的抽真空、配气和实验气体的点火过程。同时，罐体连接的压力传感器和温度传感器可以实时监测罐体内压力和温度的变化情况。爆炸罐体如图 3-3 所示，表 3-1 给出了测试系统的技术指标。

（a）　　　　　　　　　　　　（b）

图 3-3　特殊环境气体爆炸特性实验装置

（a）20 L 罐体；（b）控制系统

表 3-1　　　　　　　　　特殊环境气体爆炸特性实验装置技术指标

序号	系统工艺	技术指标
1	爆炸罐体	20 L/球形
2	最高工作温度	200 ℃
3	压力测量范围	$-0.1\sim4$ MPa,分辨率 0.01 MPa
4	温度测控范围	室温～200 ℃,分辨率 0.1 ℃
5	点火方式	化学点火:15 kJ;高压点火:10 J
6	配气方式	真空比例配气
7	配气精度	±0.1%
8	配气路数	3 路
9	电源	AC220 V、50 Hz、3.5 kW
10	环境温度	10～30 ℃
11	环境湿度	30～90 RH

（2）配气装置

实验配气装置如图 3-4～图 3-7 所示,存储甲烷、空气等气体的高压气瓶放置于气瓶柜中,为保证实验室安全,气瓶柜设有报警功能,以防止高压气瓶漏气造成爆炸危险。高压气瓶与实验装置的控制柜直接相连,由软件控制电磁开关,电磁开关直接控制实验容器内各气体组分的进气量。

图 3-4　高压气瓶

图 3-5　电磁开关

制备实验所需瓦斯-空气混合气体的一般常用方法有三种:气囊配气法、压力平衡配气法、直接充入配气法。三种配气方法各有各的使用条件。气囊配气法简单易行,在进行常温常压条件下的瓦斯爆炸特性实验时最宜采用此法。首

图 3-6　空气压缩机

图 3-7　气囊

先根据气囊的大小,计算一定浓度的瓦斯-空气混合气体所需的不同量的瓦斯及空气,先将一定量的空气充入气囊中,再将一定量的瓦斯冲入气囊中,整个过程通过流量计控制流量,通过甲烷红外传感器精确测量所配制气体的浓度;压力平衡配气法所采用的配气装置通过管路直接进气,配气装置配有搅拌装置,以使容器内瓦斯处于均匀分布状态,通过管路,将配制好的一定量的瓦斯-空气混合气体冲入爆炸罐体内进行爆炸实验,在初始压力不高(<1.0 MPa)的情况下使用;直接充入配气法是将一定量的瓦斯及空气根据压力配比关系,直接充入爆炸罐体内进行配制,通过压力平衡法控制其瓦斯浓度的配气方法,在初始压力较高(≥1.0 MPa)的情况下使用。

　　本章实验气体采用气囊配气法进行配气,这样可以得到混合比较均匀的瓦斯气体,在进行瓦斯爆炸极限实验测试时也方便增加或降低瓦斯的浓度。

　　(3)点火能量发生装置

　　高能电火花能量发生器从 10 mJ～466.65 J 可进行连续可调,最高能量可达466.65 J,该装置如图 3-8 所示,其控制原理如图 3-9 所示。

　　(4)传感器装置

　　在进行瓦斯爆炸特性实验时,需对甲烷浓度及爆炸过程中的压力变化进行测定。实验中采用压阻式压力传感器对爆炸压力波进行测定,实验前对传感器进行统

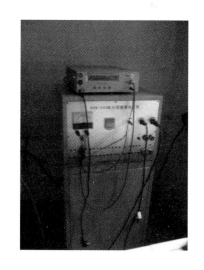

图 3-8　高能电火花能量发生器

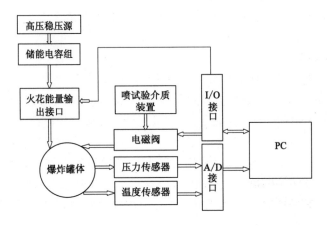

图 3-9　高能电火花能量发生器控制原理图

一标定,压力传感器如图 3-10 所示。

采用中煤科工集团重庆研究院研制的 GJG100H(B)型红外甲烷传感器来进行瓦斯浓度的测量,红外甲烷传感器如图 3-11 所示。实验中利用甲烷传感器检测配气过程中甲烷和空气的混合比例,并对预混瓦斯气体的浓度进行多次监测,以确保实验的准确性。

图 3-10　压力传感器

图 3-11　红外甲烷传感器

3.3　实验方案

3.3.1　实验目的

通过特殊环境气体爆炸特性实验装置,分别研究点火能量、初始温度、初始压力对瓦斯气体爆炸极限、爆炸压力的影响规律。

① 分别研究点火能量、初始温度、初始压力对瓦斯爆炸上限、下限的影响规律;

② 分别研究点火能量、初始温度、初始压力对瓦斯最大爆炸压力、最大爆炸压力上升速率的影响规律。

3.3.2 实验内容

（1）点火能量对瓦斯爆炸极限和爆炸压力的影响

① 点火能量对瓦斯爆炸极限的影响：通过特殊环境气体爆炸特性实验装置在一定实验环境中，改变点火能量值，测量瓦斯气体爆炸极限值。

选取的点火能量水平：100 mJ、500 mJ、1 J、10 J、50 J、100 J、200 J、400 J。

对瓦斯爆炸上、下限的测试采用国际上广泛通用的爆炸实验判据。在爆炸极限的测定过程中，由于爆炸极限点附近的压力变化较小，因此，如何准确判断极限点附近瓦斯是否发生爆炸反应，是实验数据处理时需要考虑的关键问题。依据 ASTM 标准中的爆炸判据，本书以最大爆炸压力超过初始压力 7% 的压力升高作为爆炸极限实验的爆炸判据[68]。每次实验之前对爆炸容器进行多次抽真空，避免上次实验容器内残留的尾气对爆炸极限造成影响，且在点火之前对爆炸容器内的瓦斯浓度进行多次测量。在特定瓦斯浓度、环境温度和环境湿度的情况下，对每种点火能量进行三次实验，若发生爆炸则升高或降低一定步长的瓦斯浓度继续测试，直至同一浓度三次实验均没有满足压力变化，即找到该点火能量条件下的瓦斯爆炸极限点。本书中后续爆炸极限实验均采用与该处相同的测试方法和实验判据。

② 点火能量对瓦斯爆炸压力的影响：通过特殊环境气体爆炸特性实验装置在一定瓦斯浓度条件下，改变点火能量值，测量瓦斯气体最大爆炸压力、最大爆炸压力上升速率值。

选取的点火能量水平：100 mJ、500 mJ、1 J、10 J、50 J、100 J、200 J、400 J。

瓦斯浓度：10%。

为了避免外界因素的影响造成实验的偶然性，在特定条件下，针对每个点火能量水平均进行三次实验，然后取其平均值。

（2）初始温度对瓦斯爆炸极限和爆炸压力的影响

① 初始温度对瓦斯爆炸极限的影响：通过特殊环境气体爆炸特性实验装置在一定实验环境中，改变初始温度值，测量瓦斯气体爆炸极限值。

选取的初始温度水平：25 ℃、50 ℃、75 ℃、100 ℃、125 ℃、150 ℃、175 ℃、200 ℃。

点火能量：10 J。

② 初始温度对瓦斯爆炸压力的影响：通过特殊环境气体爆炸特性实验装置在一定瓦斯浓度条件下，改变初始温度值，测量瓦斯气体最大爆炸压力、最大爆炸压力上升速率值。

选取的初始温度水平：25 ℃、50 ℃、75 ℃、100 ℃、125 ℃、150 ℃、175 ℃、200 ℃。

瓦斯浓度：10%。

点火能量:10 J。

为了避免外界因素的影响造成实验的偶然性,在特定条件下,每个初始温度水平均进行三次实验,然后取其平均值。

(3)初始压力对瓦斯爆炸极限和爆炸压力的影响

① 初始压力对瓦斯爆炸极限的影响:通过特殊环境气体爆炸特性实验装置在一定实验环境中,改变初始压力值,测量瓦斯气体爆炸极限值。

选取的初始压力水平:0.1 MPa、0.2 MPa、0.4 MPa、0.6 MPa、0.8 MPa、1.0 MPa。

点火能量:10 J。

② 初始压力对瓦斯爆炸压力的影响:通过特殊环境气体爆炸特性实验装置在一定瓦斯浓度条件下,改变初始压力值,测量瓦斯气体最大爆炸压力值。

选取的初始压力水平:0.1 MPa、0.2 MPa、0.3 MPa、0.4 MPa、0.5 MPa。

瓦斯浓度:10%。

点火能量:10 J。

为了避免外界因素的影响造成实验的偶然性,在特定条件下,每个初始压力水平均进行三次实验,然后取其平均值。

3.4 点火能量对瓦斯爆炸特性的影响

3.4.1 点火能量对爆炸极限的影响

通常瓦斯气体的爆炸极限为 5%～16%,但其值并不是固定不变的。本章节通过实验,对不同点火能量条件下的瓦斯爆炸极限进行了测定,结果见表3-2。由表 3-2 可知,增大点火能量会使瓦斯-空气混合气体的爆炸下限降低、爆炸上限升高;减小点火能量时情况正好相反。

表 3-2 　　　　　　　点火能量对瓦斯爆炸极限的影响实验结果

序号	点火能量/J	瓦斯爆炸上限/%	瓦斯爆炸下限/%
1	0.1	15.4	5.22
2	0.5	15.4	5.21
3	1	15.4	5.21
4	10	15.5	5.19
5	50	15.9	5.12
6	100	16.3	5.03
7	200	16.5	4.90
8	400	16.8	4.86

（1）点火能量对爆炸上限（UEL）的影响

根据表 3-2 中的实验数据,将瓦斯爆炸上限随点火能量的变化绘制成曲线并进行数据拟合,如图 3-12 所示,拟合公式如下：

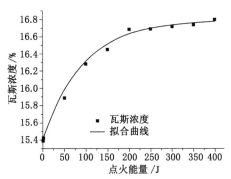

图 3-12　点火能量对瓦斯爆炸上限的影响曲线

$$y = y_0 + A_1 \exp(\frac{x}{t_1}) \quad (0.1 \leqslant x \leqslant 400) \quad R^2 = 0.998\ 69 \quad (3\text{-}1)$$

式中相关参数见表 3-3。

表 3-3　　　　　　　　　　　拟合函数参数对照表(1)

$y/\%$	x/J	y_0	A_1	t_1
瓦斯爆炸上限	点火能量	16.796 5	$-1.391\ 7$	$-93.752\ 7$

从图 3-12 可以看出,随着点火能量的增加,瓦斯爆炸上限越来越大。究其原因,在爆炸上限附近,混合气体中的氧分子相对较少,分子间的有效碰撞频率相对降低,这时必须产生足够多的自由基才能使反应继续下去。随着点火能量的增大,由点火源提供给爆炸系统的能量增大,使得单位时间内系统产生更多的自由基参与化学反应,这就导致本来稳定的系统变成为可燃、可爆的系统。

图 3-12 前半段范围(0.1～200 J),瓦斯爆炸上限变化幅度相对后半段范围(200～400 J)爆炸上限变化幅度要大,这是由于前半段范围内混合气体中氧的含量相对于当量爆炸浓度偏离相对不太大,混合气体中甲烷和氧分子碰撞频率较高,这时只需要相对较低的点火能量就能使爆炸开始并持续下去,而后半段混合气体中氧的含量相对于当量爆炸浓度偏离相对较大,混合气体中甲烷和氧分子碰撞频率相对变小,这时就需要相对较大的点火能量去引发爆炸。

然而,随着点火能量的进一步增大(大于 400 J),爆炸上限会如何变化? 由于我们没有具体的实验数据,只能定性地分析认为爆炸上限会有所上升,但不会无限制的上升。因为随着爆炸上限的升高,混合气体中甲烷浓度越来越大,此时没有足够多的氧来参与反应,即使提供更高能量的点火源,也不能引发爆炸。

（2）点火能量对爆炸下限（LEL）的影响

根据表 3-2 中的实验数据将瓦斯爆炸下限随点火能量的变化绘制成曲线并进行数据拟合,如图 3-13 所示,拟合公式如下:

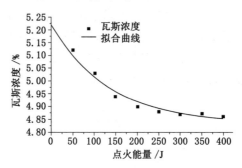

图 3-13　点火能量对瓦斯爆炸下限的影响曲线

$$y = y_0 + A_1 \exp(\frac{-(x - x_0)}{t_1}) \quad (0.1 \leqslant x \leqslant 400) \quad R^2 = 0.99305 \quad (3\text{-}2)$$

式中相关参数见表 3-4。

表 3-4　　　　　　　　　　　　拟合函数参数对照表（2）

$y/\%$	x/J	y_0	x_0	A_1	t_1
瓦斯爆炸下限	点火能量	4.833 0	4.145 1	0.374 5	134.430 0

从图 3-13 可以看出,随着点火能量的增大,瓦斯爆炸下限越来越小。究其原因,在爆炸下限附近,混合气体中的甲烷分子相对较少,分子间的有效碰撞频率相对降低,这时必须产生足够多的自由基才能使反应继续下去,随着初始点火能量的增大,由点火源提供给爆炸系统的能量增大,于是单位时间内能够产生更多的自由基参与化学反应,这就使得本来稳定的系统变成为可燃、可爆的系统。

此外,拟合曲线前半段范围（0.01～200 J）内,瓦斯爆炸下限变化幅度相对后半段范围（200～400 J）爆炸下限变化幅度要大,这是由于前半段范围内混合气体中甲烷的含量相对于当量爆炸浓度偏离相对不太大,混合气体中甲烷和氧分子碰撞频率较高,这时只需要相对较低的点火能量就能使爆炸开始并持续下去,而后半段混合气体中甲烷的含量相对于当量爆炸浓度偏离相对较大,混合气体中甲烷和氧分子碰撞频率相对变小,这时就需要相对较大的点火能量去引发爆炸。

相对于常温常压下 10 J 左右的点火能量时瓦斯爆炸极限为 5%～16%,当点火能量为 400 J 时,爆炸极限范围为 4.86%～16.8%,爆炸极限范围扩大了 8.55%,可以看出点火能量对瓦斯爆炸极限有着较大的影响。

3.4.2　点火能量对爆炸压力的影响

在本实验中,利用的是压阻式压力传感器来记录爆炸罐体内的爆炸压力数据。在球形容器中心点火情况下,只有火焰接近壁面时,才会产生壁面导热冷却效应,虽然此压力很快就会衰减,维持时间极短,但是此时的压力值最接近定容爆炸压力。因此,压力传感器安装在壁面位置来测定爆炸压力,则测定值可近似认为是瓦斯爆炸的定容爆炸压力。

点火能量对瓦斯爆炸压力的影响主要体现在两个方面:最大爆炸压力和最大爆炸压力上升速率。本节针对不同点火能量条件下的瓦斯最大爆炸压力和最大爆炸压力上升速率进行研究。

通过实验,对不同点火能量条件下的瓦斯最大爆炸压力进行了测定,结果见表 3-5。

表 3-5　　　　　　　　　点火能量对瓦斯爆炸压力的影响实验结果

序号	瓦斯浓度/%	点火能量/J	最大爆炸压力/MPa	最大爆炸压力上升速率/MPa·s⁻¹
1	10	0.1	0.687	14.88
2	10	0.5	0.687	15.75
3	10	1	0.700	16.23
4	10	10	0.708	16.95
5	10	50	0.712	17.38
6	10	100	0.722	17.75
7	10	200	0.723	17.86
8	10	400	0.725	18.21

(1) 点火能量对最大爆炸压力的影响

根据表 3-5 中的实验数据将瓦斯爆炸最大压力随初始点火能量的变化绘制成曲线并进行数据拟合,如图 3-14 所示,拟合公式如下:

$$y = A_1 \exp\left(\frac{x}{t_1}\right) + A_2 \exp\left(\frac{x}{t_2}\right) + y_0 \quad (0.1 \leqslant x \leqslant 400) \quad R^2 = 0.93418$$

(3-3)

式中各参数值见表 3-6。

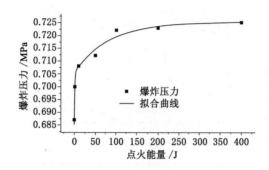

图 3-14　点火能量对最大爆炸压力的影响曲线

表 3-6			拟合函数参数对照表（3）			
y/MPa	x/J	A_1	t_1	A_2	t_2	y_0
最大爆炸压力	点火能量	−0.019 92	−81.696 21	−0.022 1	−1.089 74	0.725 31

从图 3-14 可知，随着初始点火能量的升高，瓦斯最大爆炸压力也升高，而升高幅度越来越小。在 0.1 J、10 J、100 J 和 400 J 四个点火能量条件下，瓦斯最大爆炸压力分别为 0.687 MPa、0.708 MPa、0.722 MPa 和 0.725 MPa，初始点火能量由 0.1 J 变化到 10 J 时，最大爆炸压力增大了 3.1%；初始点火能量由 100 J 变化到 400 J 时，最大爆炸压力仅增大了 0.42%。究其原因，点火能量对瓦斯爆炸的影响主要作用在起爆瞬间，较高的点火能量容易使单位时间内有较多的甲烷分子与氧分子参与反应，当爆炸反应开始后，爆炸的主要影响因素转变成了爆炸的热反馈以及爆炸气体的湍流状态，此时，点火能量对爆炸进程的影响可以忽略。

（2）点火能量对最大爆炸压力上升速率的影响

根据表 3-5 中的实验数据将瓦斯最大爆炸压力上升速率随初始点火能量的变化绘制成曲线并进行数据拟合，如图 3-15 所示，拟合公式如下：

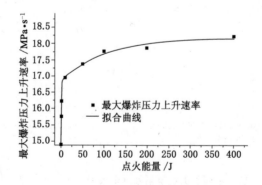

图 3-15　点火能量对最大爆炸压力上升速率的影响曲线

$$y = A_1 \exp(\frac{x}{t_1}) + A_2 \exp(\frac{x}{t_2}) + y_0 \quad (0.1 \leqslant x \leqslant 400) \quad R^2 = 0.99258$$

$$(3\text{-}4)$$

式中各参数值见表 3-7。

表 3-7　　　　　　　　　　**拟合函数参数对照表(4)**

y/MPa·s^{-1}	x/J	A_1	t_1	A_2	t_2	y_0
最大爆炸压力上升速率	点火能量	−0.019 92	−81.696 46	−0.022 1	−1.089 74	0.654 31

从图 3-15 可知,点火能量对瓦斯爆炸压力上升速率有较明显的影响,点火能量越大,瓦斯爆炸最大压力上升速率越大,且这种影响在点火能量大于 0.1 J 小于 100 J 时比较明显,当高出这一范围时,其影响效果就变得较为微弱,这时最大爆炸压力上升速率也会有所上升,但基本趋于平缓。可见点火能量在 0.1 J 到 100 J 区间范围内时对最大爆炸压力上升速率有明显的影响。

图 3-16 显示了不同点火能量条件下瓦斯爆炸压力的变化趋势,比较 0.1 J、

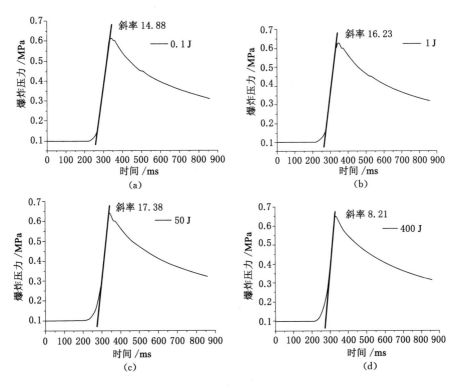

图 3-16　不同点火能量条件下最大爆炸压力上升速率

(a) 0.1 J;(b) 1 J;(c) 50 J;(d) 400 J

1 J、50 J、400 J 点火能量条件下最大压力上升速率(压力曲线上升时刻的最大斜率)可以看出,不同点火能量条件下的最大压力上升速率是不一样的,其斜率曲线随着点火能量的增大而变得更加陡峭。在更高的点火能量(大于 400 J)情况下,最大压力上升速率的变化趋势需在今后进一步研究。

3.5 初始温度对瓦斯爆炸特性的影响

3.5.1 初始温度对爆炸极限的影响

(1)初始温度对爆炸上限的影响

在常压(0.1 MPa)条件下,测定了初始温度在 25～200 ℃范围内瓦斯的爆炸上限,实验中点火能量均为 10 J,得到的不同初始温度条件下瓦斯爆炸上限值如表 3-8 所列。将表 3-8 中的瓦斯爆炸上限数据进行线性拟合,如图 3-17 所示,拟合函数如下:

表 3-8　　　　　　　　初始温度对瓦斯爆炸上限的影响实验结果

序号	初始温度/℃	初始压力/MPa	点火能量/J	爆炸上限/%
1	25	0.1	10	15.8
2	50	0.1	10	16.0
3	75	0.1	10	16.3
4	100	0.1	10	16.5
5	125	0.1	10	17.0
6	150	0.1	10	17.2
7	175	0.1	10	17.5
8	200	0.1	10	17.7

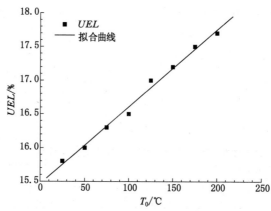

图 3-17　初始温度对瓦斯爆炸上限的影响曲线

$$y = A + Bx \quad (25\ ℃ \leqslant x \leqslant 200\ ℃) \tag{3-5}$$

式中相关参数值见表 3-9。

表 3-9 拟合函数参数对照表(5)

$y/\%$	$x/℃$	A	B	R^2
瓦斯爆炸上限	初始温度	15.464 29	0.011 43	0.995 45

由表 3-8 可知,随着初始温度的升高,瓦斯爆炸上限增大,由 25 ℃ 时的 15.8% 上升到 200 ℃ 时的 17.7%。这是因为初始温度的升高使系统中活化分子数增加,参加反应的分子数增多,而且分子的碰撞频率也增加,两者的叠加作用促进了反应发展为快速反应而传播下去。从链式反应方面考虑,在链引发阶段,升高的温度使反应系统的内能增加,离解产生更多的自由基参与初始反应。反应物质的增多及反应速率的加快,致使反应放热量也随之增加,因而温度进一步升高。因此,链传递得以更快的分支自动加速反应使其进行下去。这样就形成了一种正反馈效应,使原本不能自持的反应转变为爆炸。因此,初始温度升高时,瓦斯爆炸上限增大,原本稳定的系统可能变为可燃爆的不稳定系统。

由图 3-17 可知,实验的初始温度在 25~200 ℃ 范围内,温度变化范围不是很大,所得拟合直线可以较好地反映爆炸上限随初始温度的变化情况,可以认为在实验温度范围内,瓦斯的爆炸上限与初始温度呈线性关系。但是,随着瓦斯爆炸上限的升高,混合气体中氧气的含量逐渐降低,当浓度达到某一特定值时,混合气体中的氧气便不足以维持反应的持续进行和火焰的传播。因此,瓦斯爆炸上限并不会一直随初始温度的升高而增大,而是存在某一临界值。但是,在更高温度条件下,瓦斯爆炸反应的反应机理可能有所改变,火焰的传播机制也可能有所不同,因而爆炸上限随初始温度的变化规律也可能会有所不同。因此,还需要进行更高温度下瓦斯爆炸上限的测定,以得到更大温度范围内瓦斯爆炸上限随温度的变化规律。

(2)初始温度对爆炸下限的影响

同样地,在常压(0.1 MPa)条件下,测定了初始温度在 25~200 ℃ 范围内瓦斯的爆炸下限,在实验中,点火能量也均为 10 J。不同初始温度条件下瓦斯的爆炸下限测定值如表 3-10 所列。

表 3-10 初始温度对瓦斯爆炸下限的影响实验结果

序号	初始温度/℃	初始压力/MPa	点火能量/J	爆炸下限/%
1	25	0.1	10	5.07
2	50	0.1	10	5.02

序号	初始温度/℃	初始压力/MPa	点火能量/J	爆炸下限/%
3	75	0.1	10	4.96
4	100	0.1	10	4.92
5	125	0.1	10	4.83
6	150	0.1	10	4.79
7	175	0.1	10	4.70
8	200	0.1	10	4.65

由表 3-10 可知,随着初始温度的升高,瓦斯爆炸下限降低,由 25 ℃时的 5.07%下降到 200 ℃时的 4.65%。在爆炸下限附近,瓦斯的氧化反应处于富氧状态,过量的空气成为反应中的惰性气体,少量的瓦斯很难与氧气进行反应。温度升高时,加快了分子的运动速度,从而使甲烷分子与氧气分子的碰撞概率增大,而且更多反应物分子吸收能量离解为自由基,成为反应的活化中心,反应速率因此不断加快,并释放更多的热量保证反应的持续进行,因而爆炸反应可以在更低的瓦斯浓度下被引发。瓦斯爆炸下限随初始温度的变化情况如图 3-18 所示,线性拟合函数如下:

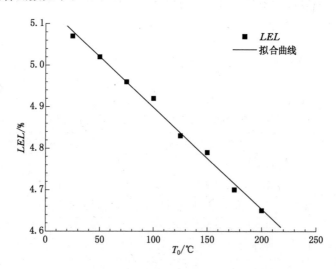

图 3-18 初始温度对瓦斯爆炸下限的影响曲线

$$y = A + Bx \quad (25 \text{ ℃} \leqslant x \leqslant 200 \text{ ℃})\tag{3-6}$$

式中相关参数值见表 3-11。

表 3-11　　　　　　　　　　拟合函数参数对照表(6)

$y/\%$	$x/℃$	A	B	R^2
瓦斯爆炸下限	初始温度	5.142 86	$-0.002\ 45$	$-0.996\ 55$

由图 3-18 可知,随着初始温度的升高,瓦斯爆炸下限呈下降趋势。对实验数据进行线性拟合的相关系数 R^2 为$-0.996\ 55$,拟合直线可以较好地反映瓦斯爆炸下限与初始温度之间的关系。因此可以认为在实验范围内,瓦斯爆炸下限与初始温度呈线性关系。

通过比较图 3-17 和图 3-18 的拟合直线的斜率可以看出,初始温度对瓦斯爆炸上限的影响要大于其对下限的影响。这是由于在爆炸下限浓度附近,可燃混合气体中甲烷的含量很小,过量的空气作为反应中的惰性气体,一方面阻碍了甲烷与氧气分子的有效碰撞,减少了反应发生的可能性;另一方面吸收反应放热,不利于链式反应的持续及火焰的蔓延。因此,温度的升高虽然使瓦斯爆炸下限降低,但由于过量空气的存在,其受影响的程度要小一些。

与爆炸上限相同,瓦斯的爆炸下限也不会无限降低。当混合气体中瓦斯含量降低到某一特定值时,过少的瓦斯将不能维持反应的继续进行,火焰蔓延也将不能持续。瓦斯爆炸下限附近低浓度瓦斯爆炸反应的机理还需要进一步的研究。另外,对于初始温度高于 200 ℃时瓦斯爆炸下限随温度的变化规律也有待研究。

(3) 实验值与理论值对比分析

计算得到实验温度下瓦斯的爆炸上限及爆炸下限值,在计算中理论的常温常压下的爆炸极限取 5.00%～16.0%,不同初始温度条件下瓦斯爆炸极限的实验值和理论值如表 3-12 所列。

表 3-12　　　　　　不同初始温度下瓦斯爆炸极限理论值与实测值

初始温度/℃	爆炸上限/%		爆炸下限/%	
	实验值	理论值	实验值	理论值
25	15.8	16.0	5.07	5.00
50	16.0	16.3	5.02	4.91
75	16.3	16.6	4.96	4.82
100	16.5	16.9	4.92	4.73
125	17.0	17.2	4.83	4.64
150	17.2	17.4	4.79	4.55
175	17.5	17.7	4.70	4.46
200	17.7	18.0	4.65	4.37

由表 3-12 可知,初始温度升高时,瓦斯爆炸上限升高,下限降低,爆炸极限范围变宽。在实验条件下,初始温度为 25 ℃时瓦斯爆炸上限为 15.8%,下限为 5.07%,爆炸极限范围为 10.73%;200 ℃时上限为 17.7%,下限为 4.62%,爆炸极限范围扩大为 13.08%。200 ℃时瓦斯爆炸极限范围比 25 ℃时扩大的百分率为 21.90%。而通过理论计算,瓦斯爆炸极限由 25 ℃的 11.00%扩大到 200 ℃的 13.63%,扩大的百分率为 23.91%。在同样的温度升高范围内,实验测得的爆炸极限变化幅度与理论计算相差不大,可以较好地描述瓦斯爆炸极限随温度的变化情况。图 3-19 给出了实验测量及理论计算的瓦斯爆炸极限随初始温度的变化对比曲线。

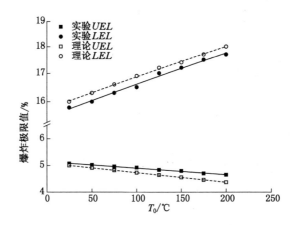

图 3-19 不同初始温度下瓦斯爆炸极限实验和理论值对比曲线

由图 3-19 可知,在同样的初始温度条件下,瓦斯爆炸上限实验值小于理论值,而爆炸下限实验值大于理论值,即实验测得的极限范围比理论的要小一些,但误差不超过 2%。而且在实验温度范围内,爆炸上限和爆炸下限随初始温度的变化趋势与理论趋势基本吻合。在理论计算时,常温常压下的爆炸极限使用的是通用的极限范围(5.00%~16.0%),如果将此值用实验测得的常温常压下的爆炸上限及下限值代替,则理论计算值与实验值的吻合程度将进一步提高。因此,实验测得的不同初始温度下的瓦斯爆炸极限基本可以认为是正确和可靠的,与此同时,也说明可以运用文中实验方法测量实验温度范围内瓦斯爆炸的上限及下限值,实验结果可以较好地指导实际安全生产。

3.5.2 初始温度对爆炸压力的影响

通过实验,对不同初始温度条件下的瓦斯爆炸最大压力进行了测定,结果见表 3-13。

表 3-13 初始温度对瓦斯爆炸压力的影响实验结果

序号	初始温度/℃	瓦斯浓度/%	点火能量/J	最大爆炸压力/MPa	最大爆炸压力到达时间/ms
1	25	10	10	0.783 3	127.1
2	50	10	10	0.753 4	118.2
3	75	10	10	0.684 5	110.0
4	100	10	10	0.627 8	99.5
5	125	10	10	0.595 2	92.4
6	150	10	10	0.564 3	89.5
7	175	10	10	0.526 5	87.6
8	200	10	10	0.501 2	85.0

（1）初始温度对最大爆炸压力的影响

表 3-13 给出了不同实验温度下瓦斯爆炸的最大爆炸压力及达到最大爆炸压力的时间。由表可知,当初始温度由 25 ℃上升到 200 ℃时,最大爆炸压力由 0.783 3 MPa 下降到 0.501 2 MPa,下降幅度达到了 36%。该规律符合理论分析中关于爆炸压力变化规律的推导结论。25 ℃时,从反应开始到达最大爆炸压力经历了 127.1 ms;而当温度升高到 200 ℃时,所需的反应时间仅需 85.0 ms,比常温时缩短了 33.1%。为了进一步分析初始温度对瓦斯最大爆炸压力及其达到时间的影响,对实验结果进行拟合处理,得到了这两个参数随初始温度的变化曲线,图 3-20 给出了瓦斯爆炸的最大爆炸压力随初始温度的变化曲线,其拟合函数如下:

$$y = y_0 + A_1 \exp(x/t_1) \quad (25\ ℃ \leqslant x \leqslant 200\ ℃) \tag{3-7}$$

式中相关参数值见表 3-14。

表 3-14 拟合函数参数对照表(7)

y/MPa	x/℃	A_1	t_1	R^2
最大爆炸压力	初始温度	0.602 43	−221.681 57	0.992 63

由图 3-20 可知,最大爆炸压力随初始温度的升高有较明显的降低,两者呈一阶指数衰减关系。随着温度的升高,初始温度对最大爆炸压力的影响变小。这是因为,在其他条件不变的情况下,初始温度的升高减少了单位体积内瓦斯-空气混合气体的物质的量,从而减少了反应放出的热量,因而最大爆炸压力将会随之降低。而且由理论分析可知,根据理想气体状态方程,最大爆炸压力与爆炸

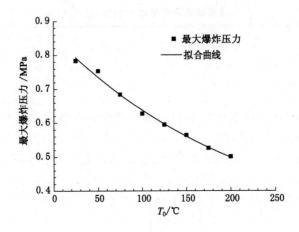

图 3-20　初始温度对最大爆炸压力的影响曲线

后火焰温度成正比,与初始温度成反比,所以温度升高,爆炸压力反而会下降。但是,最大爆炸压力是表征气体爆炸特性的参数之一,并不能代表整个爆炸反应的状况及反应危险性,评价瓦斯爆炸反应的爆炸危险性,还需要综合考虑爆炸反应速率、压力上升速率、火焰速度等参数。瓦斯爆炸的最大爆炸压力到达时间与初始温度的拟合曲线如图 3-21 所示,其拟合函数如下:

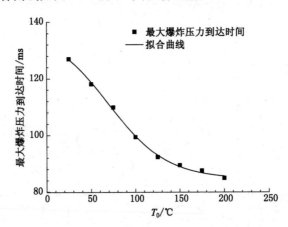

图 3-21　初始温度对最大爆炸压力到达时间的影响曲线

$$y = A_2 + (A_1 - A_2) / \left(1 + \exp \frac{x - x_0}{dx}\right) \quad (25\ ℃ \leqslant x \leqslant 200\ ℃) \quad (3-8)$$

式中相关参数值见表 3-15。

表 3-15　　　　拟合函数参数对照表(8)

y/ms	x/℃	A_1	A_2	x_0	dx	R^2
最大爆炸压力到达时间	初始温度	138.157 39	84.656 25	69.136 41	33.363 17	0.998 04

由图 3-21 可知,最大爆炸压力到达时间随初始温度的升高而缩短。低于 150 ℃时,初始温度升高使最大爆炸压力到达时间明显缩短;高于 150 ℃后,最大爆炸压力到达时间的降低明显变缓。最大爆炸压力到达时间与反应速率直接相关,而反应速率受温度的影响较大。根据 Arrhenius 理论,温度的升高增加了反应系统的内能,使其中活化分子数增大,而且分子运动速度也随之加快,有效碰撞增加,因而瓦斯爆炸反应速率加快,加速了氧化反应向快速燃烧爆炸反应阶段的转化,从而缩短了达到最大爆炸压力的时间。但是,必须要经过一定的反应时间,爆炸压力才能达到最大值,因而最大爆炸压力到达时间不可能无限缩短。

为了将理论最大爆炸压力与实验值进行对比分析,在实验条件下,依据最大爆炸压力的计算式进行了理论计算,理论值与实验实测值见表 3-16。根据表中的数据,将理论值和实测值在同一坐标系中进行对比分析,如图 3-22 所示。

表 3-16　　　　不同初始温度下最大爆炸压力理论值与实测值

初始温度/℃	25	50	75	100	125	150	175	200
最大爆炸压力理论值/MPa	0.852 0	0.791 9	0.740 4	0.695 8	0.657 1	0.622 7	0.592 1	0.564 8
最大爆炸压力实测值/MPa	0.783 3	0.753 4	0.684 5	0.627 8	0.595 2	0.564 3	0.526 5	0.501 2

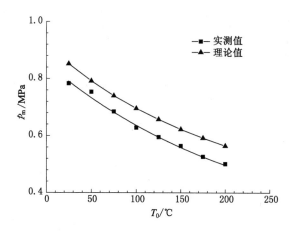

图 3-22　不同初始温度下最大爆炸压力理论值与实测值对比曲线

由表 3-16 及图 3-22 可知,在实验温度范围内,最大爆炸压力的实测值均比理论值要小,但实测值与理论值之间的偏差基本保持不变,且实测最大爆炸压力的变化趋势与理论计算结果保持一致,说明实验具有较好的重复性和可靠性。实测最大爆炸压力小于理论值的原因主要有:

① 实验系统并非理想的绝热系统,实验罐体通过罐壁及连接部位可以与外界进行一定的热交换,而且系统也并非绝对密封,会与外界有一定的物质和能量交换,爆炸反应产生的一部分热量因此而损失;

② 实验中非瞬时整体点火,而是在中心点火,因此在火焰向四周扩散的过程中,会有一定的能量耗散,对最终压力的测定产生影响;

③ 实验气体不可能完全反应,因而反应释放的能量少于理论值,且部分未参与反应或反应不完全的气体与参与反应的气体之间存在物质和能量的交换,从而产生耗散效应,使系统总能量较理论值要小一些。

因此,最大爆炸压力的测定值小于定容爆炸压力。但是因为影响因素在每次实验中都对压力测定产生了影响,所以实测的最大爆炸压力的变化规律与理论计算值的变化规律保持一致。

(2) 初始温度对最大爆炸压力上升速率的影响

通过对压力曲线进行求导,得到瓦斯爆炸的压力上升速率。图 3-23 给出了

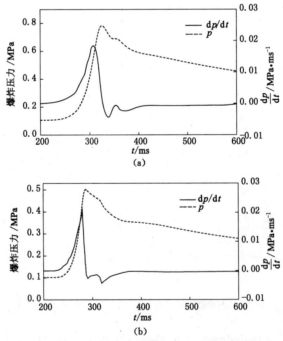

图 3-23 298 K 和 473 K 时瓦斯爆炸压力上升速率变化曲线

(a) 298 K;(b) 473 K

298 K 和 473 K 时瓦斯爆炸过程中压力上升速率的变化情况。运用此方法,可以方便地确定最大压力上升速率。

表 3-17 给出了不同初始温度(25～200 ℃)下瓦斯爆炸的最大压力上升速率,在实验温度范围内,最大压力上升速率与初始温度呈线性相关,如图 3-24 所示。由表 3-17 和图 3-24 可知,在实验条件下,最大压力上升速率随温度的升高呈上升趋势。而在实验中,初始温度的升高虽然使最大压力上升速率增大,但是温度从 25 ℃ 升高到 200 ℃,最大压力上升速率仅上升了不到 10%,上升幅度较小,可以认为其受初始温度的影响很小。

表 3-17   初始温度对最大爆炸压力上升速率的影响实验结果

序号	初始温度/℃	瓦斯浓度/%	点火能量/J	最大爆炸压力上升速率/MPa·s^{-1}
1	25	10	10	19.10
2	50	10	10	19.35
3	75	10	10	19.51
4	100	10	10	20.01
5	125	10	10	20.22
6	150	10	10	20.38
7	175	10	10	20.67
8	200	10	10	20.85

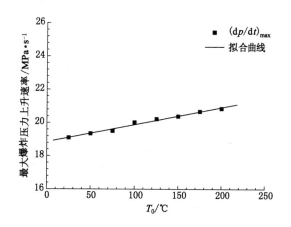

图 3-24 初始温度对最大爆炸压力上升速率的影响曲线

瓦斯燃烧速度的大小取决于甲烷与氧气的化学反应速率和接触混合速度,在实验室温度范围内,接触混合速度可认为变化不大,所以瓦斯燃烧速度主要取决于甲烷与氧的化学反应速率。因此,作为衡量燃烧速度的标准,压力上升速率在一定程度上可以反映瓦斯爆炸的反应速率,尤其是从反应开始到达到最大爆炸压力这段时间内。图 3-25 为 25 ℃、75 ℃、125 ℃和 200 ℃时瓦斯爆炸压力上升速率随反应时间的变化曲线,直观地反映了在反应进行过程中压力上升速率的变化情况。

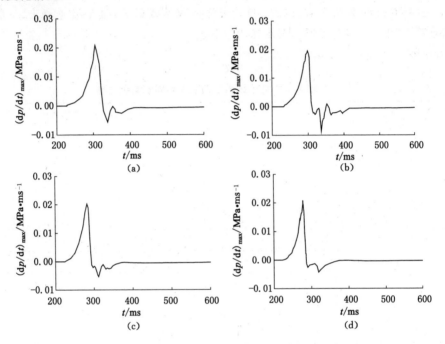

图 3-25   不同初始温度下瓦斯爆炸压力上升速率的变化曲线
(a) 25 ℃;(b) 75 ℃;(c) 125 ℃;(d) 200 ℃

由图 3-25 可知,在瓦斯爆炸过程中,压力上升速率随着反应的进行,先逐渐升高到最大值,随后下降到零,当压力上升速率为零时,爆炸压力达到最大值。由于反应并不是在理想条件下进行的,因而当达到最大爆炸压力后,压力值还会有一定的下降,所以压力上升速率也会在达到零后有一段波动。压力上升速率随反应时间的变化情况,可以在一定程度上反映瓦斯爆炸的反应速率随时间的变化情况。对比四个不同初始温度下压力上升速率曲线可以看出,随初始温度的升高,最大压力上升速率到达时间缩短,且压力变化趋于平稳的时间也缩短。也可以认为是瓦斯爆炸反应在更短的时间内达到最大反应速率,反应放热速率也相应增大,导致反应在此阶段更加危险。在实验中,压力的变化还受到压力升高、壁面反射波等因素的影响,因此压力上升速率的变化不可能完全等同于反应速率的变化。

3.6　初始压力对瓦斯爆炸特性的影响

3.6.1　初始压力对爆炸极限的影响

（1）初始压力对爆炸上限的影响

运用特殊环境 20 L 爆炸特性测试系统，在常温条件下，改变初始压力值，对甲烷-空气混合气体进行爆炸上限的测定。表 3-18 给出了不同初始压力条件下瓦斯的爆炸上限。

表 3-18　　　　　　　　初始压力对瓦斯爆炸上限的影响实验结果

序号	初始压力/MPa	初始温度/℃	点火能量/J	爆炸上限/%
1	0.1	25	10	15.8
2	0.2	25	10	17.1
3	0.4	25	10	18.3
4	0.6	25	10	19.6
5	0.8	25	10	20.8
6	1.0	25	10	21.4

由表 3-18 可知，瓦斯爆炸上限随初始压力的升高而增大。在常温条件下，当初始压力为 0.1 MPa 时，瓦斯爆炸上限为 15.8%；当初始压力上升为 1.0 MPa 时，爆炸上限增大到 21.4%，比常温常压条件下的上限值上升了 5.6 个百分点。在爆炸上限附近，瓦斯与空气混合气体的反应处于负氧状态。初始压力的升高使气体分子的间距缩小，分子间碰撞的概率增加，而且有效碰撞的概率也随之提高，更多的氧气分子与甲烷分子发生有效碰撞而保证反应的继续进行。同时反应速率也随初始压力的增大而升高，在起始的诱导反应阶段，反应得以迅速发展。因此，当初始压力升高时，更高浓度的瓦斯也可以发生爆炸反应，即爆炸上限升高。

对爆炸上限的实验数据进行了二阶指数拟合，得到瓦斯爆炸上限随初始压力的变化曲线，如图 3-26 所列，拟合函数如式（3-9）所列。由图 3-26 可知，在实验压力范围内，瓦斯爆炸上限与初始压力呈二阶指数关系，即上限随压力的升高呈二阶指数升高。但是，与初始温度对瓦斯爆炸上限的影响类似，上限也不会随着初始压力的升高而一直增大，存在上限的临界值，到达此浓度后，压力的升高将不会对爆炸上限产生影响。受限于实验条件，全面认识初始压力对瓦斯爆炸极限的影响规律仍需进行大量更高压力条件下瓦斯爆炸上限的实验研究。

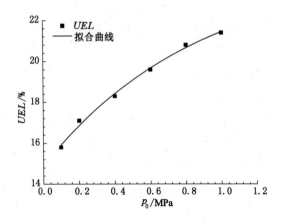

图 3-26　初始压力对瓦斯爆炸上限的影响曲线

$$y = a \cdot \exp(-x/b) + y_0 \quad (0.1\ \text{MPa} \leqslant x \leqslant 1.0\ \text{MPa}) \quad (3-9)$$

式中相关参数值见表 3-19。

表 3-19　　　　　　　　拟合函数参数对照表(9)

$y/\%$	x/MPa	a	b	y_0	R^2
爆炸上限	初始压力	-9.56	0.86	24.43	0.991 7

(2) 初始压力对爆炸下限的影响

表 3-20 给出了不同初始压力条件下瓦斯的爆炸下限。由表 3-20 可知,初始压力越高,瓦斯爆炸下限越低。在常温条件下,初始压力为 0.1 MPa 时,瓦斯爆炸下限为 5.07%;初始压力上升为 1.0 MPa,爆炸下限降低到 4.49%,比常温常压条件下的下限值降低了 0.58 个百分点。瓦斯爆炸下限随初始压力的变化曲线如图 3-27 所示,对实验数据的拟合函数如下:

表 3-20　　　　　　初始压力对瓦斯爆炸下限的影响实验结果

序号	初始压力/MPa	初始温度/℃	点火能量/J	爆炸上限/%
1	0.1	0.1	10	5.07
2	0.2	0.1	10	5.03
3	0.4	0.1	10	4.90
4	0.6	0.1	10	4.74
5	0.8	0.1	10	4.61
6	1.0	0.1	10	4.49

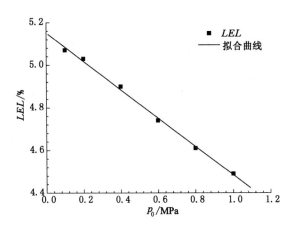

图 3-27 初始压力对瓦斯爆炸下限的影响曲线

$$y = A + Bx \quad (0.1 \text{ MPa} \leqslant x \leqslant 1.0 \text{ MPa}) \tag{3-10}$$

式中相关参数值见表 3-21。

表 3-21 **拟合函数参数对照表(10)**

$y/\%$	x/MPa	A	B	R^2
爆炸下限	初始压力	5.151 21	−0.666 85	−0.998 5

由表 3-20 和图 3-27 可知,在实验压力范围内,瓦斯爆炸下限随初始压力的升高直线降低。这是因为,在爆炸下限浓度附近,少量的瓦斯很难参与到氧化反应,而升高的初始压力增加了分子有效碰撞概率,加快了反应速率,可以实现更多甲烷分子与氧气分子参与反应,从而使链式反应可以顺利进行下去,完成瓦斯由缓慢氧化反应到强烈爆炸反应的转变,因此压力的升高使较低浓度的瓦斯也可以被引发爆炸。根据拟合直线的相关系数可以判断,对实验数据的直线拟合可以较好地反映其变化规律,但此规律仅适应于实验条件,其他压力范围内的变化规律还需进一步研究确定。瓦斯爆炸下限亦不会随初始压力的升高而不断降低,也存在一个临界浓度值。

(3)实验值与理论值对比分析

理论计算得到实验压力下瓦斯的爆炸上限及爆炸下限,在计算中常温常压下的爆炸极限取 5.00%～16.0%,同时还根据范德华方程式得到的公式计算了不同初始压力下瓦斯的爆炸上限。不同初始压力条件下瓦斯爆炸极限的实验值和理论值如表 3-22 所列。

表 3-22   **不同初始压力下瓦斯爆炸极限理论值与实验值**

初始压力/MPa	爆炸上限/%			爆炸下限/%	
	实验值	理论值	范德华方程式值	实验值	理论值
0.1	15.8	16.0	15.7	5.07	5.00
0.2	17.1	22.0	16.4	5.03	4.79
0.4	18.3	28.1	17.9	4.90	4.58
0.6	19.6	31.7	19.3	4.74	4.45
0.8	20.8	34.3	20.6	4.61	4.36
1.0	21.4	36.2	21.9	4.49	4.30

由表 3-22 可知,在实验压力范围内,随着初始压力的升高,瓦斯爆炸上限升高、下限降低,爆炸极限范围变宽。初始压力为 0.1 MPa 时瓦斯爆炸上限为 15.8%,下限为 5.07%,爆炸极限范围为 10.73%;1.0 MPa 时上限为 21.4%,下限为 4.49%,爆炸极限范围为 16.91%。1.0 MPa 时瓦斯爆炸极限范围比常温常压时扩大的百分率为 57.6%,瓦斯爆炸极限随初始压力的升高有很大幅度地扩大。而在同样的压力升高下,通过理论公式和范德华方程式计算的瓦斯爆炸极限扩大的百分率分别为 190% 和 64.5%。爆炸极限的实验值与理论公式计算值存在很大差别,而与范德华方程式计算值相差不大。

图 3-28 给出了实验测量及理论计算的瓦斯爆炸极限随初始压力的变化曲线。由图 3-28 可知,爆炸下限的实验值高于理论值,但是两者的差别并不是很大,误差不超过 7%,而且在变化趋势上两者也有很好的吻合性。而爆炸上限的实验值要比理论值低得多,且变化趋势也不甚相同,但实验结果与范德华方程式

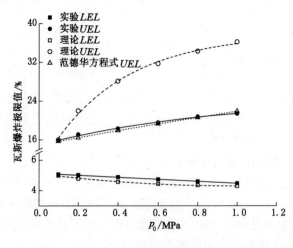

图 3-28   不同初始压力下瓦斯爆炸极限实验值和理论值的对比曲线

计算结果在数值上和趋势上都很相近,说明式(2-19)在估算甲烷爆炸上限时存在较大的误差。

3.6.2　初始压力对爆炸压力的影响

运用 10 J 的点火能量,在不同的初始压力条件下,分别对浓度为 10% 的瓦斯进行的爆炸压力测定,结果如表 3-23 所列。

表 3-23　　　　　　　　初始压力对瓦斯爆炸压力的影响实验结果

序号	瓦斯浓度/%	点火能量/J	初始压力(表压)/MPa	最大爆炸压力/MPa
1	10	10	0.1	1.570
2	10	10	0.2	2.109
3	10	10	0.3	3.080
4	10	10	0.4	3.786
5	10	10	0.5	4.683

本实验条件下,初始环境压力的最大值为 0.5 MPa,压力值不是很高,计算了不同初始压力条件下的理论定容爆炸压力,并将其与实验所测最大爆炸压力进行对比,如图 3-29 所示。

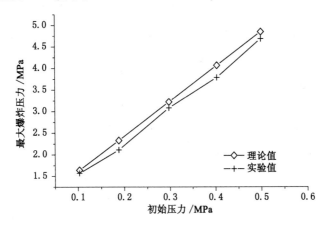

图 3-29　不同初始压力下最大爆炸压力理论值和实验值对比曲线

从图 3-29 可以看出,在最佳爆炸浓度附近所测得的最大爆炸压力非常接近理论计算所得的定容爆炸压力,但比理论计算值偏小。原因在于爆炸过程中,壁面热损失以及少量气体的泄漏会带走部分热量;另外,实际的最佳爆炸浓度会随着初始条件的改变而有所改变,浓度在 10% 左右时,与最佳爆炸浓度非常接近,但仍存在一定偏差,会有少量的可燃物未能完全反应。

图 3-30 和图 3-31 分别为在 0.1 MPa 和 0.3 MPa 的初始压力下所测得的浓

度为10%瓦斯爆炸压力曲线图。从图中可以看出,实际的爆炸反应过程相当短暂,只有几十毫秒,然后由于爆炸反应结束及器壁热损失等原因,压力逐渐下降。初始压力增大,爆炸后最大爆炸压力也成倍地增大。

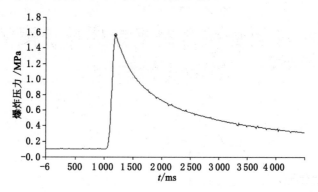

图 3-30　0.1 MPa 初始压力下的瓦斯爆炸压力曲线

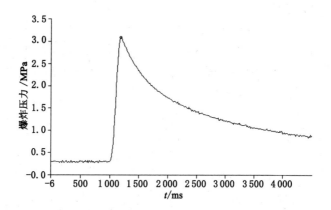

图 3-31　0.3 MPa 初始压力下的瓦斯爆炸压力曲线

4　多因素耦合对瓦斯爆炸极限的影响实验研究

4.1　引　言

爆炸极限是衡量瓦斯爆炸危险性的一个重要指标,初始温度、初始压力、点火能量、惰性介质、容器形状大小等因素都不同程度地影响瓦斯的爆炸极限。在瓦斯爆炸事故中,这些影响因素的改变往往不是以单一变量的形式进行的,而是两个或多个因素同时发生改变共同影响的,因此,研究多因素变量对瓦斯爆炸极限的耦合影响就尤为重要。在本书第 3 章单因素条件对瓦斯爆炸特性的影响研究基础上,本章分别对初始温度和点火能量、初始温度和初始压力、初始压力和点火能量的耦合条件下瓦斯爆炸极限进行了研究。

4.2　实验系统简介

本章所需实验装置除高能电火花能量发生器与第 3 章不同外,其余所需装置均与第 3 章相同,工作原理详见第 3 章。

本章实验拟开展最高点火能量为 800 J 的耦合实验,故使用如图 4-1 所示的高能电火花能量发生器,该能量发生器具有能量范围宽、能量值可调的特点,可

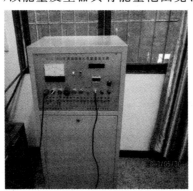

图 4-1　高能电火花能量发生器

为气体爆炸特性实验提供不同能量的点火能($<$1 000 J)。

4.3 实验方案

4.3.1 实验目的

① 通过 20 L 球形特殊环境气体爆炸特性实验系统,对特定浓度的甲烷空气混合气体在不同温度、不同点火能量条件下进行爆炸实验,揭示初始温度和点火能量耦合条件下甲烷爆炸上限、下限的变化规律。

② 通过 20 L 球形特殊环境气体爆炸特性实验系统,对特定浓度的甲烷空气混合气体在不同温度、不同压力条件下进行爆炸实验,揭示初始温度和初始压力耦合条件下甲烷爆炸上限、下限的变化规律。

③ 通过 20 L 球形特殊环境气体爆炸特性实验系统,对特定浓度的甲烷空气混合气体在不同压力、不同点火能量条件下进行爆炸实验,揭示初始压力和点火能量耦合条件下甲烷爆炸上限的变化规律。

4.3.2 实验内容

① 对初始温度和点火能量两因素耦合条件下甲烷爆炸极限的变化规律进行实验研究。实验选取的初始温度和点火能量水平如下:

环境温度变化范围:25～200 ℃,采用的温度测试水平为:50 ℃、100 ℃、150 ℃和 200 ℃。

点火能量变化范围:30～800 J,采用的点火能量测试水平为:50 J、100 J、400 J 和 800 J。

考虑到特殊环境气体爆炸特性实验装置具有升温困难、保温效果较好,为充分利用时间,每次实验在相同温度的基础上对不同点火能量进行耦合。

② 对初始温度和初始压力两因素耦合条件下甲烷爆炸极限的变化规律进行实验研究。实验选取的初始温度和初始压力水平如下:

初始温度变化范围:25～200 ℃,采用的温度测试水平为:25 ℃、50 ℃、100 ℃、150 ℃和 200 ℃。

初始压力变化范围:0.1～1.0 MPa,采用的压力测试水平为:0.1 MPa、0.2 MPa、0.4 MPa、0.6 MPa、0.8 MPa 和 1.0 MPa。

③ 对初始压力和点火能量两因素耦合条件下甲烷爆炸上限的变化规律进行实验研究。实验选取的初始压力和点火能量水平如下:

初始压力变化范围:0.5～1.8 MPa,采用的压力测试水平为:0.5 MPa、1.0 MPa、1.5 MPa 和 1.8 MPa。

点火能量变化范围:100～400 J,采用的点火能量测试水平为:100 J、200 J、300 J 和 400 J。

为了便于比较,亦对其他几个测点(0.3 MPa、100 J;0.7 MPa、100 J;0.7 MPa、300 J)进行了测定。

4.4 初始温度和点火能量耦合对瓦斯爆炸极限的影响

4.4.1 初始温度和点火能量耦合对瓦斯爆炸上限的影响

表 4-1 给出了初始温度和点火能量耦合条件下瓦斯爆炸上限。随着初始温度的升高或点火能量的增大,瓦斯爆炸上限呈上升趋势,因而初始温度和点火能量两者耦合影响作用下,爆炸上限亦随两者的增加而上升。由表 4-1 可知,初始温度为 50 ℃且点火能量为 50 J 时,瓦斯的爆炸上限为 16.3%;当初始温度升高到 200 ℃且点火能量增大到 800 J 时,爆炸上限上升为 18.4%,上升幅度高达 12.9%。点火能量为 50 J,当初始温度由 25 ℃上升到 200 ℃时,瓦斯爆炸上限的上升幅度为 7.4%;初始温度为 50 ℃,当点火能量由 50 J 增大到 800 J 时,上限的上升幅度也只为 4.90%。由此可见,瓦斯爆炸上限在初始温度和点火能量耦合影响作用下的变化幅度比两者单一因素影响下的变化幅度要大。

表 4-1　　　　初始温度和点火能量耦合条件下瓦斯爆炸上限(%)

点火能量/J 初始温度/℃	50	100	400	800
50	16.3	16.5	17.0	17.1
100	16.8	17.0	17.5	17.6
150	17.2	17.4	18.0	18.1
200	17.5	17.7	18.3	18.4

为了进一步分析初始温度和点火能量对瓦斯爆炸上限的影响,分别绘制了瓦斯爆炸上限随初始温度和点火能量变化曲线,如图 4-2 和图 4-3 所示,拟合曲线分别用式(4-1)和式(4-2)表示,式中各参数值分别见表 4-2 和表 4-3。

当点火能量为 50~800 J 时,将不同点火能量下瓦斯爆炸上限随初始温度的变化曲线进行拟合,若把初始温度作为自变量 x,瓦斯爆炸上限作为函数 y,则有如下所示指数方程式:

$$y = y_0 + A_1 \exp(\frac{x}{t_1}) \quad (50 \text{ ℃} \leqslant x \leqslant 200 \text{ ℃}) \tag{4-1}$$

式中各参数值见表 4-2。

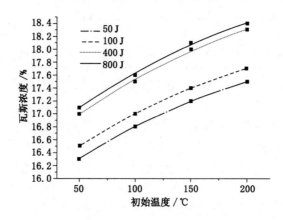

图 4-2 不同点火能量下瓦斯爆炸上限随初始温度变化的拟合曲线

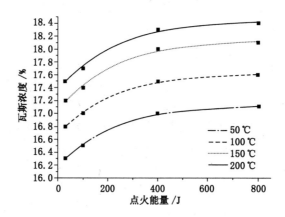

图 4-3 不同初始温度下瓦斯爆炸上限随点火能量变化的拟合曲线

表 4-2 初始温度和点火能量耦合条件下瓦斯爆炸上限拟合函数参数对照表(1)

点火能量/J	y_0	A_1	t_1	R^2
50	18.574 98	−2.923 87	−199.588 02	0.999 88
100	18.774 98	−2.923 87	−199.588 02	0.999 88
400	19.748 75	−3.428 17	−229.687 81	0.992 48
800	19.848 75	−3.428 17	−229.687 79	0.992 48

当初始温度为 $50 \sim 200$ ℃时,将不同初始温度下瓦斯爆炸上限随点火能量的变化曲线进行拟合,若把点火能量作为自变量 x,瓦斯爆炸上限作为函数 y,则有如下所示指数方程式:

$$y = y_0 + A_1 \exp\left(\frac{x}{t_1}\right) \quad (50 \text{ J} \leqslant x \leqslant 800 \text{ J}) \tag{4-2}$$

式中各参数值见表 4-3。

表 4-3　　初始温度和点火能量耦合条件下瓦斯爆炸上限拟合函数参数对照表（2）

初始温度/℃	y_0	A_1	t_1	R^2
50	17.134 73	−0.972 34	−217.151 27	0.992 76
100	17.634 73	−0.972 34	−217.151 27	0.992 76
150	18.148 89	−1.112 02	−222.406 95	0.981 29
200	18.448 89	−1.112 02	−222.406 95	0.981 29

由图 4-2 和图 4-3 可知，随着环境温度逐渐升高，瓦斯爆炸上限总体呈现上升趋势，温度由 150 ℃升高到 200 ℃，相比较 50 ℃升高到 100 ℃，其上升幅度稍有减小；随着点火能量逐渐增强，瓦斯爆炸上限总体呈上升趋势，且当点火能量由 50 J 上升到 400 J 时，瓦斯爆炸上限上升速率较快，而当点火能量由 400 J 上升到 800 J 时，瓦斯爆炸上限上升速率变慢。

为了综合分析初始温度和点火能量对瓦斯爆炸上限的耦合影响，以初始温度作为 x 轴、点火能量作为 y 轴、瓦斯爆炸上限作为 z 轴，得到了瓦斯爆炸上限随初始温度和点火能量变化曲面，如图 4-4 所示。该曲面更直观地反映了初始温度和点火能量对瓦斯爆炸上限的耦合影响作用，式（4-3）所列的拟合函数可以用来预估实验范围内的初始温度和点火能量耦合条件下的瓦斯爆炸上限。

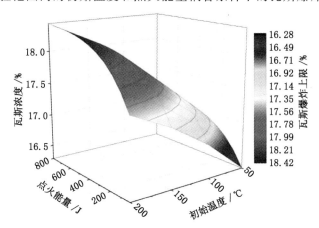

图 4-4　初始温度和点火能量耦合条件下瓦斯爆炸上限变化曲面

$$z = z_0 + ax + by + cx^2 + dy^2 + fxy$$
$$(50 \ ℃ \leqslant x \leqslant 200 \ ℃, 30 \ J \leqslant y \leqslant 800 \ J) \tag{4-3}$$

式中各参数值见表 4-4。

表 4-4　初始温度和点火能量耦合条件下瓦斯爆炸上限拟合函数各参数对照表(3)

z_0	a	b	c	d	f	R^2
$-4.208\,9\times10^{-11}$	1	$-1.896\,05\times10^{-14}$	$-1.404\,25\times10^{-13}$	$1.726\,56\times10^{-19}$	$1.086\,18\times10^{-15}$	1

由图 4-4 可知,随着初始温度的升高和点火能量的增大,瓦斯爆炸上限呈上凸形变化曲面,即随着初始温度的升高和点火能量的增大,瓦斯爆炸上限上升。从上限曲面变化呈上凸形状可知,随着环境温度的升高和点火能量的增大,爆炸极限变化率越来越小,也就是上限上升越来越慢。

4.4.2　初始温度和点火能量耦合对瓦斯爆炸下限的影响

表 4-5 给出了初始温度和点火能量耦合条件下瓦斯爆炸下限。随着初始温度的升高或点火能量的增大,瓦斯爆炸下限呈下降趋势,因而初始温度和点火能量两者耦合影响作用下,爆炸下限亦随两者的增加而下降。由表 4-5 可知,初始温度为 50 ℃且点火能量为 50 J 时,瓦斯的爆炸下限为 4.90%;当初始温度升高到 200 ℃且点火能量增大到 800 J 时,爆炸上限上升为 4.02%,下降幅度高达 18.0%。点火能量为 50 J,当初始温度由 25 ℃上升到 200 ℃时,瓦斯爆炸下限的下降幅度为 13.3%;初始温度为 50 ℃,当点火能量由 50 J 增大到 800 J 时,瓦斯爆炸下限的下降幅度仅为 6.3%。由此可见,瓦斯爆炸下限在初始温度和点火能量耦合影响作用下的变化幅度比两者单一因素影响下的变化幅度要大。

表 4-5　　　　初始温度和点火能量耦合条件下瓦斯爆炸下限(%)

点火能量/J 初始温度/℃	50	100	400	800
50	4.90	4.81	4.65	4.59
100	4.61	4.51	4.37	4.33
150	4.42	4.32	4.20	4.17
200	4.25	4.17	4.06	4.02

为了进一步分析初始温度和点火能量对瓦斯爆炸下限的影响,分别绘制了爆炸下限随初始温度和点火能量变化曲线,如图 4-5 和图 4-6 所示,拟合曲线均可分别用式(4-4)和式(4-5)表示,式中各参数值分别见表 4-6 和表 4-7。

当点火能量为 50～800 J 时,将不同点火能量下瓦斯爆炸下限随初始温度变化的曲线进行拟合,若把初始温度作为自变量 x,瓦斯爆炸下限作为函数 y,则有如下所示指数方程式:

$$y = y_0 + A_1 \exp(\frac{-(x-x_0)}{t_1}) \quad (50\ ℃ \leqslant x \leqslant 200\ ℃) \tag{4-4}$$

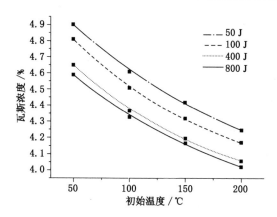

图 4-5　不同点火能量下瓦斯爆炸下限随初始温度变化的拟合曲线

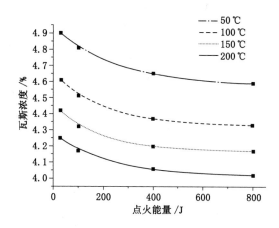

图 4-6　不同初始温度下瓦斯爆炸下限随点火能量变化的拟合曲线

式中各参数值见表 4-6。

表 4-6　初始温度和点火能量耦合条件下瓦斯爆炸下限拟合函数参数对照表（1）

点火能量/J	y_0	A_1	x_0	t_1	R^2
30	3.720 70	1.179 30	50	187.237	0.999 52
100	3.819 97	0.990 03	50	144.269 5	0.995 42
400	3.737 32	0.912 68	50	144.269 5	0.982 45
800	3.575 40	1.014 60	50	181.802 87	0.985 78

当初始温度为 $50\sim200$ ℃时，将不同初始温度下瓦斯爆炸下限随点火能量变化的曲线进行拟合，若把点火能量作为自变量 x，瓦斯爆炸下限作为函数 y，

则有如下所示指数方程式：

$$y = y_0 + A_1 \exp(\frac{-(x - x_0)}{t_1}) \quad (50 \text{ J} \leqslant x \leqslant 800 \text{ J}) \tag{4-5}$$

式中各参数值见表 4-7。

表 4-7　　初始温度和点火能量耦合条件下瓦斯爆炸下限拟合函数参数对照表(2)

初始温度/℃	y_0	A_1	x_0	t_1	R^2
50	4.575 26	0.324 74	30	249.018 54	0.994 52
100	4.323 77	0.286 23	30	201.183 79	0.994 42
150	4.166 35	0.253 65	30	181.544 12	0.982 53
200	4.012 88	0.237 12	30	219.611 83	0.982 67

由图 4-5 和图 4-6 可知，随着环境温度逐渐升高，瓦斯爆炸下限总体呈现下降趋势，温度由 150 ℃升高到 200 ℃，相比较 50 ℃升高到 100 ℃，其下降幅度稍有减小；随着点火能量逐渐增强，瓦斯爆炸下限总体呈下降趋势，且当点火能量由 50 J 上升到 400 J 时，瓦斯爆炸下限下降速率较快，而当点火能量由 400 J 上升到 800 J 时，瓦斯爆炸下限下降速率较慢。

为了综合分析初始温度和点火能量对瓦斯爆炸下限的耦合影响，以初始温度作为 x 轴、点火能量作为 y 轴、瓦斯爆炸上限作为 z 轴，得到了瓦斯爆炸下限随初始温度和点火能量变化曲面，如图 4-7 所示。该曲面更直观地反映了初始温度和点火能量对瓦斯爆炸下限的耦合影响作用，式(4-6)所列的拟合函数可以用来预估实验范围内的初始温度和点火能量耦合条件下的瓦斯爆炸下限。

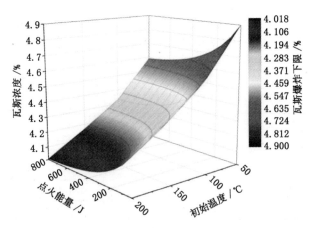

图 4-7　初始温度和点火能量耦合条件下瓦斯爆炸下限变化曲面

$$z = z_0 + ax + by + cx^2 + dy^2 + fxy$$
$$(50\ ℃ \leqslant x \leqslant 200\ ℃, 30\ \text{J} \leqslant y \leqslant 800\ \text{J}) \tag{4-6}$$

式中各参数值见表 4-8。

表 4-8   初始温度和点火能量耦合条件下瓦斯爆炸下限拟合函数参数对照表(3)

z_0	a	b	c	d	f	R^2
$8.349\ 64×10^{-12}$	1	$-3.072\ 98×10^{-15}$	$3.891\ 29×10^{-13}$	$-4.181\ 74×10^{-21}$	$6.790\ 4×10^{-16}$	1

由图 4-7 可知,随着环境温度的升高和点火能量的增大,瓦斯爆炸下限呈下凹形变化曲面,即随着环境温度的升高和点火能量的增大,瓦斯爆炸下限下降。从下限曲面变化呈下凹形状可知,随着环境温度的升高和点火能量的增大,爆炸极限变化率越来越小,也就是下限下降越来越慢。

4.5   初始温度和初始压力耦合对瓦斯爆炸极限的影响

4.5.1   初始温度和初始压力耦合对瓦斯爆炸上限的影响

表 4-9 给出了不同初始温度和初始压力条件下瓦斯的爆炸上限。随着初始温度的升高或初始压力的增大,瓦斯爆炸上限均呈上升趋势,因而在初始温度和初始压力两者耦合影响作用下,爆炸上限亦随两者的增加而上升。由表 4-9 可知,常温常压条件下,瓦斯的爆炸上限为 15.8%;当初始温度升高到 200 ℃ 且初始压力增大到 1.0 MPa 时,爆炸上限上升为 25.7%,上升幅度达到了 62.7%。常压条件下,当初始温度由 25 ℃ 上升到 200 ℃ 时,瓦斯爆炸上限的上升幅度仅为 8.2%;而常温条件下,当初始压力由 0.1 MPa 增大到 1.0 MPa 时,上限的上升幅度也只为 35.4%。由此可见,瓦斯爆炸上限在初始温度和压力耦合影响作用下的变化幅度比两者单一因素影响下的变化幅度要大得多,且远大于两者单一影响下变化幅度的加和。

表 4-9   初始温度和初始压力耦合条件下瓦斯爆炸上限(%)

初始温度/℃ \ 初始压力/MPa	0.1	0.2	0.4	0.6	0.8	1.0
25	15.8	17.1	18.3	19.6	20.8	21.4
50	16.0	17.9	19.5	20.8	21.8	22.6
100	16.5	18.5	20.2	21.8	23.0	23.9
150	17.2	19.0	20.8	22.6	23.9	24.9
200	17.7	19.3	21.2	23.1	24.6	25.7

　　随着初始温度的升高,瓦斯氧化反应系统内的分子内能增加,分子运动速率加快,同时初始压力的升高又增加了分子之间的有效碰撞,两者的影响作用互相促进,从而加剧了反应分子的有效碰撞,也可以认为在反应系统内的活化分子数大量增加。在反应初期,活化分子的增加可以产生更多作为链反应活化中心的自由基,且初始温度和初始压力的升高都加速了反应速率,因而链式反应可以更容易传递下去并使反应系统加速发展为爆炸反应系统。

　　为了进一步分析初始温度和初始压力对瓦斯爆炸上限的影响,分别绘制了爆炸上限随初始温度和初始压力的变化曲线,如图 4-8 和图 4-9 所示,拟合曲线分别用式(4-7)和式(4-8)表示,式中各参数值分别见表 4-10 和表 4-11。

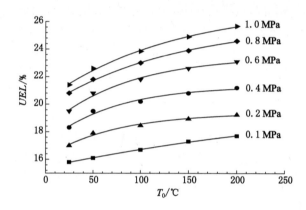

图 4-8　不同初始压力下瓦斯爆炸上限随初始温度变化的拟合曲线

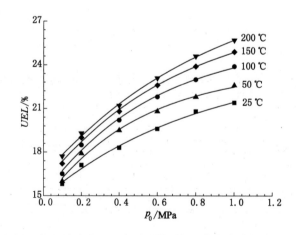

图 4-9　不同初始温度下瓦斯爆炸上限随初始压力变化的拟合曲线

　　由图 4-8 可知,在不同的初始压力条件下,瓦斯爆炸上限均随初始温度的上升而升高,变化趋势基本相同。当处于相同的初始温度时,随着初始压力的升高,单位压力对瓦斯爆炸上限的影响逐渐减弱。由图 4-9 也可以看出,在不同初始温度下,瓦斯爆炸上限均随初始压力的上升而升高。从变化趋势来看,压力的升高使单位温度升高对瓦斯爆炸上限产生了更大的影响。与图 4-8 类似,当处于相同的初始压力时,随着初始温度的升高,单位温度对瓦斯爆炸上限的影响逐渐减弱。这是由于随着瓦斯爆炸上限的升高,反应系统中氧气的含量逐渐减少,处于负氧状态的系统发展成为爆炸系统将更加困难,这就对系统提出了更高的要求,因此,单位温度和单位压力的升高对瓦斯爆炸上限的影响逐渐变小。

$$y = a \cdot \exp(-x/b) + y_0 \quad (25\ ℃ \leqslant x \leqslant 200\ ℃) \tag{4-7}$$

式中相关参数值见表 4-10。

表 4-10　初始温度和初始压力耦合条件下瓦斯爆炸上限拟合函数参数对照表(1)

初始压力/MPa	a	b	y_0	R^2
0.1	-5.55	374.64	20.97	0.997 2
0.2	-3.29	73.33	19.41	0.972 1
0.4	-4.23	69.39	21.35	0.967 0
0.6	-5.30	83.18	23.52	0.984 3
0.8	-6.17	135.33	25.98	0.997 2
1.0	-6.85	133.29	27.16	0.993 8

$$y = a \cdot \exp(-x/b) + y_0 \quad (25\ ℃ \leqslant x \leqslant 200\ ℃) \tag{4-8}$$

式中相关参数值见表 4-11。

表 4-11　初始温度和初始压力耦合条件下瓦斯爆炸上限拟合函数参数对照表(2)

初始温度/℃	a	b	y_0	R^2
25	-9.56	0.86	24.43	0.995 0
50	-9.24	0.52	23.81	0.993 4
100	-10.81	0.60	25.87	0.994 5
150	-12.16	0.73	27.95	0.997 2
200	-14.20	0.93	30.55	0.998 6

为了综合分析初始温度和初始压力对瓦斯爆炸上限的耦合影响,以初始温度作为 x 轴、初始压力作为 y 轴、瓦斯爆炸上限作为 z 轴,得到了瓦斯爆炸上限

随初始温度和初始压力的变化曲面,如图 4-10 所示。该曲面更直观地反映了初始温度和初始压力对瓦斯爆炸上限的耦合影响作用,式(4-9)所列的拟合函数可以用来预估实验温度和压力范围内的瓦斯爆炸上限。

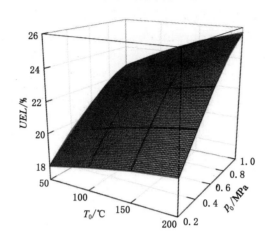

图 4-10　初始温度和初始压力对瓦斯爆炸上限的耦合影响

$$z = z_0 - \frac{1}{2}A \cdot \exp\left[\left(\frac{x - x_c}{w_1}\right)^2 + \left(\frac{y - y_c}{w_2}\right)^2\right]$$

$$(50\ ℃ \leqslant x \leqslant 200\ ℃;0.2\ \text{MPa} \leqslant y \leqslant 1.0\ \text{MPa}) \tag{4-9}$$

式中相关参数值见表 4-12。

表 4-12　初始温度和初始压力耦合条件下瓦斯爆炸上限拟合函数参数对照表(3)

$z/\%$	$x/℃$	y/MPa	z_0	A	x_c	w_1	y_c	w_2	R^2
UEL	T_0	p_0	13.80	12.30	263.81	267.86	1.13	0.75	0.998 9

4.5.2　初始温度和初始压力耦合对瓦斯爆炸下限的影响

表 4-13 给出了不同初始温度和初始压力条件下瓦斯的爆炸下限。由表 4-13可知,随着初始温度的升高和初始压力的增大,瓦斯爆炸下限呈下降趋势。常温常压条件下,瓦斯的爆炸下限为 5.07%;当初始温度升高到 200 ℃ 且初始压力增大到 1.0 MPa 时,爆炸下限下降为 4.05%,下降幅度为 20.1%。而在实验初始温度和压力范围内,常压条件下,当初始温度由 25 ℃ 上升到 200 ℃ 时,瓦斯爆炸下限的下降幅度为 8.3%;常温条件下,当初始压力由 0.1 MPa 增大到 1.0 MPa 时,爆炸下限的下降幅度为 11.4%。由此可见,瓦斯爆炸下限在初始温度和初始压力耦合作用影响下的变化幅度比两者单一因素影响下的变化幅度要大,两者耦合影响下的变化幅度跟两者单一影响下变化幅度的加和基本

一致。

表 4-13　　　　初始温度和初始压力耦合条件下瓦斯爆炸下限(%)

初始压力/MPa　　初始温度/℃	0.1	0.2	0.4	0.6	0.8	1.0
25	5.07	5.03	4.90	4.74	4.61	4.49
50	5.02	4.99	4.79	4.62	4.47	4.35
100	4.92	4.88	4.66	4.49	4.34	4.24
150	4.79	4.72	4.52	4.36	4.23	4.12
200	4.65	4.59	4.42	4.27	4.14	4.05

由于在瓦斯爆炸下限附近,反应体系中甲烷的浓度已经很低了,因此空气的惰性效应是反应进行的重要阻碍。初始温度和初始压力的升高,虽然一定程度上增加了甲烷分子与氧气分子的有效碰撞,提高了反应速率,有利于链反应发展下去,但是由于甲烷浓度的限制,两者耦合的正反馈效应并不是很明显,因而初始温度和初始压力对瓦斯爆炸下限的影响基本上是两者单一影响效果的叠加。图 4-11 和图 4-12 分别给出了瓦斯爆炸下限随初始温度和初始压力的变化情况,拟合曲线分别用式(4-10)和式(4-11)表示,式中各参数值分别见表 4-14 和表4-15。

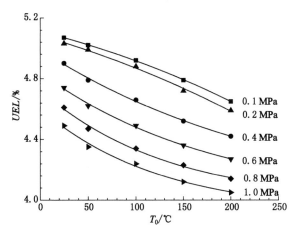

图 4-11　不同初始压力下瓦斯爆炸下限随初始温度变化的拟合曲线

$$y = a \cdot \exp(-x/b) + y_0 \qquad (25\ ℃ \leqslant x \leqslant 200\ ℃) \qquad (4\text{-}10)$$

式中相关参数值见表 4-14。

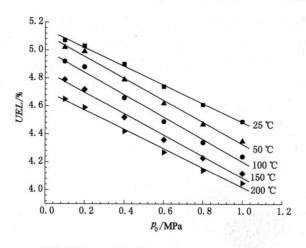

图 4-12　不同初始温度下瓦斯爆炸下限随初始压力变化的拟合曲线

表 4-14　初始温度和初始压力耦合条件下瓦斯爆炸下限拟合函数参数对照表(1)

初始压力/MPa	a	b	y_0	R^2
0.1	-0.55	-327.28	5.66	0.999 5
0.2	-0.72	-380.04	5.81	0.992 8
0.4	1.04	250.38	3.95	0.995 3
0.6	0.85	180.15	3.99	0.994 0
0.8	0.74	130.58	3.99	0.988 4
1.0	0.69	123.45	3.92	0.982 5

$$y = a + bx \quad (0.1\ \mathrm{MPa} \leqslant x \leqslant 1.0\ \mathrm{MPa}) \tag{4-11}$$

式中相关参数值见表 4-15。

表 4-15　初始温度和初始压力耦合条件下瓦斯爆炸下限拟合函数参数对照表(2)

初始温度/℃	a	b	y_0
25	5.15	0.67	$-0.998\ 5$
50	5.11	-0.78	$-0.996\ 5$
100	5.00	-0.80	$-0.993\ 8$
150	4.85	-0.76	$-0.995\ 0$
200	4.71	-0.69	$-0.995\ 7$

由图 4-11 和图 4-12 可知,在不同初始压力条件下,瓦斯爆炸下限均随初始温度的上升而降低;在不同初始温度条件下,瓦斯爆炸下限均随初始压力的

上升而降低,且变化趋势均具有较好的一致性。在实验温度和压力范围内,瓦斯爆炸下限的变化并不是特别大,因而单位初始温度和单位初始压力对下限变化的影响并不是特别明显。为了综合分析初始温度和初始压力对瓦斯爆炸下限的影响,对实验数据进行了拟合分析,拟合曲面如图 4-13 所示,拟合函数如式(4-12)所列。图 4-13 给出了瓦斯爆炸下限在初始温度和压力耦合影响下的变化规律。

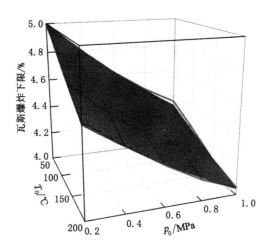

图 4-13　初始温度和初始压力对瓦斯爆炸下限的耦合影响

$$z = z_0 + A \cdot \exp\left(-\frac{x}{B}\right) \cdot \exp\left(-\frac{y}{C}\right)$$

$$(50 \ ℃ \leqslant x \leqslant 200 \ ℃; 0.2 \ \text{MPa} \leqslant y \leqslant 1.0 \ \text{MPa}) \tag{4-12}$$

式中相关参数值见表 4-16。

表 4-16　初始温度和初始压力耦合条件下瓦斯爆炸下限拟合函数参数对照表(3)

$z/\%$	$x/℃$	y/MPa	z_0	A	B	C	R^2
瓦斯爆炸下限	T_0	p_0	3.08	2.34	587.71	1.81	0.995 3

在实验条件下,随着初始温度和初始压力的升高,瓦斯爆炸上限升高,下限降低,爆炸极限范围变宽。常温常压(25 ℃、0.1 MPa)条件下,瓦斯爆炸上限为15.8%,爆炸下限为 5.07%,爆炸极限范围为 10.73%;高温高压(200 ℃、1.0 MPa)条件下,爆炸上限为 25.7%,爆炸下限为 4.05%,爆炸极限范围为21.65%,比常温常压时的爆炸极限范围扩大了 101.8%,扩大的危险浓度范围使瓦斯在高温高压下的危险性也有了很大程度的提高。

4.6 初始压力和点火能量耦合对瓦斯爆炸上限的影响

4.6.1 实验结果

本章节通过实验研究初始压力和点火能量耦合对瓦斯爆炸上限的影响。其中,点火能量和初始压力分别取了四个水平来进行实验,即点火能量分别为 100 J、200 J、300 J 和 400 J,初始压力分别为 0.5 MPa、1.0 MPa、1.5 MPa 和 1.8 MPa;为了便于比较,亦对其他几个测试点(0.3 MPa、100 J;0.7 MPa、100 J;0.7 MPa、300 J)进行了测定,实验结果如表 4-17 和表 4-18 所列。

表 4-17　　不同初始压力与点火能量下瓦斯的爆炸上限(1)(%)

点火能量/J ＼ 初始压力/MPa	0.5	1.0	1.5	1.8
100	18.0	20.4	22.9	24.1
200	18.4	21.2	23.5	24.6
300	19.1	21.5	24.4	25.3
400	19.3	22.3	24.8	26.0

表 4-18　　不同初始压力与点火能量下瓦斯的爆炸上限(2)(%)

初始压力/MPa	点火能量/J	瓦斯爆炸上限/%
0.3	100	17.1
0.7	100	19.3
0.7	300	20.4

4.6.2 初始压力与点火能量耦合对爆炸上限的影响

将表 4-17 和表 4-18 所得数据绘制到三维立体图中,如图 4-14 所示。从图 4-14 以及表 4-17、表 4-18 可以看出,随着点火能量和初始压力的变大,瓦斯爆炸上限明显变大。两者的耦合对瓦斯爆炸上限的影响要比单纯一种影响因素对瓦斯爆炸上限的影响效果明显。如当初始压力为 1.807 MPa、点火能量为 400 J 时,瓦斯爆炸上限增大到 26.0%。

在高点火能量条件下,瓦斯在起爆过程中获得足够的能量用来生成更多的自由基,并参与基元化学反应,释放出更多的热量;而在较高的初始压力下,分子的碰撞频率大幅增加,同时也使得反应速率变快。两者耦合使得本来不会爆炸的瓦斯-空气混合气体得以发生爆炸。因此,在进行瓦斯爆炸事故的预防过程中,应尽量避免两个因素同时存在的情况。如在瓦斯输送过程中,应尽量避免产

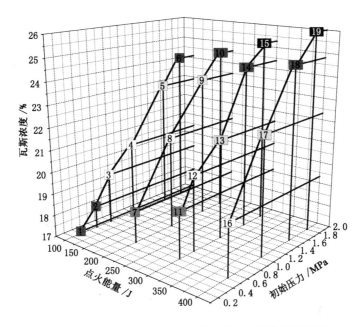

图 4-14　初始压力与点火能量耦合对爆炸上限的影响曲线

生高能量的点火源。

　　图 4-15 和图 4-16 分别为不同初始压力条件下点火能量对瓦斯爆炸上限的影响曲线和不同点火能量条件下初始压力对瓦斯爆炸上限的影响曲线。对两图进行对比分析可以看出,在本实验条件下,初始压力对瓦斯爆炸上限的影响效果要比点火能量对瓦斯爆炸上限的影响效果明显。

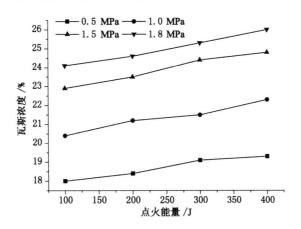

图 4-15　不同初始压力下瓦斯爆炸上限随点火能量变化的拟合曲线

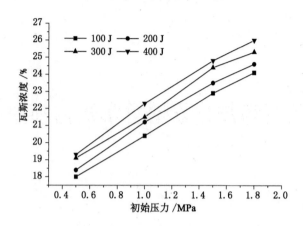

图 4-16　不同点火能量下瓦斯爆炸上限随初始压力变化的拟合曲线

4.7　临界爆炸极限

众所周知,瓦斯爆炸是有浓度范围的,高于或低于这个浓度范围,瓦斯都不会爆炸,这就是瓦斯的爆炸极限,一般认为是 5%～16%。而这一极限范围一般指常温常压状态,没有考虑环境条件的改变对它的影响。

从以上章节对不同环境条件对瓦斯爆炸极限的实验研究中可以看出,当环境条件(如点火能量、初始压力、初始温度)改变时,瓦斯的爆炸极限范围会变化。但这种变化并不是无限制的,即随着点火能量、初始压力、初始温度的变大,瓦斯爆炸下限下降的趋势及爆炸上限上升的趋势都趋于平缓。可以看出,当瓦斯浓度下降到某一值时,由于没有足够的瓦斯用来进行反应,无论环境条件如何改变以加强瓦斯的爆炸强度,都不会发生爆炸。同样,当瓦斯浓度增大到某一值时,由于没有足够的氧气用来进行反应,无论环境条件如何改变以加强瓦斯的爆炸强度,也都不会发生爆炸。由此可以合理推断,瓦斯爆炸上下限都各存在一个临界值,这两个临界值才是它真正的爆炸极限,可以称此极限为临界爆炸极限。

临界爆炸极限即为在高温、高压、高点火能量等环境条件下能够发生爆炸的绝对临界点,它比理论认为的瓦斯爆炸极限范围要宽;大于或小于临界爆炸极限范围,无论环境条件如何改变以加强瓦斯的爆炸强度,都不会发生爆炸。由于我们所做实验中环境条件改变的范围不是很大,当环境条件继续改变以加强瓦斯的爆炸强度时,爆炸极限仍有可能大幅度变化,今后仍需加大力度进行此方面的研究工作。

5 瓦斯爆炸化学动力学数值模拟研究

5.1 引　　言

化学动力学主要研究反应速率及其影响因素和反应历程。随着链式反应理论的提出,化学动力学的研究由总包反应深入到基元反应,由宏观反应过渡到微观反应。化学动力学指出,瓦斯爆炸反应并不是单一的化学反应,而是一种复杂的"热—链式"反应,自由基的产生和消亡直接影响着反应的进行。进行瓦斯爆炸反应的动力学研究对于瓦斯爆炸事故的防治具有重要的意义。

CHEMKIN 软件包是美国桑迪亚(Sandia)国家实验室开发的大型气相化学反应动力学软件包,可以用来解决带有化学反应的流动问题,是燃烧领域中普遍使用的一个模拟计算工具。CHEMKIN 是一种非常强大的求解复杂化学反应问题的软件包,常用于对燃烧过程、催化过程、化学气相沉积、等离子体及其他化学反应的模拟。CHEMKIN 以气相动力学、表面动力学、传递过程这三个核心软件包为基础,提供了 21 种常见化学反应模型及后处理程序。

由于实验手段的局限性,实验研究无法从微观层面对爆炸过程进行分析。为了从基元反应层面分析瓦斯爆炸反应中不同基元反应对爆炸发展过程的影响,本章借助 CHEMKIN 软件包对密闭环境的瓦斯爆炸进行数值模拟,通过数值求解,得到温度、压力、主要自由基摩尔浓度等的变化情况,分析爆炸发展过程,并借助敏感性分析,确定了影响爆炸温度及主要自由基摩尔浓度的主要基元反应。

5.2 模型的建立

5.2.1 控制方程

本章使用的是 CHEMKIN 的封闭同质反应器,此反应器模型认为反应是在一体积恒定的绝热封闭反应器中进行的,反应开始时,反应器内的气体为均匀预混。根据设定的反应初始状态,计算此反应的末状态。封闭同质反应器的控制方程式可表示如下[69]:

（1）组分方程

$$\frac{\mathrm{d}Y_i}{\mathrm{d}t} = v\dot{w}_i M_i \quad i = 1,2,\cdots,k_g \tag{5-1}$$

$$\dot{w}_i = \sum_{k=1}^{N_g} v_{ik} k_{fk} \prod_{j=1}^{k_g} [X_j]^{v'_{ik}} \quad i = 1,2,\cdots,k_g \tag{5-2}$$

$$k_{fk} = A_k T^{b_k} \exp\left[\frac{-E_{ak}}{RT}\right] \quad k = 1,2,\cdots,N_g \tag{5-3}$$

式中　Y_i——第 i 种组分的质量分数，%；

　　　M_i——第 i 种组分的摩尔质量，kg/mol；

　　　$\dot{w}_i$——第 i 种组分的化学反应速率，mol/(L·s)；

　　　v——混合气体的比热容，J/(kg·K)；

　　　T——混合气体的温度，K；

　　　k_g——混合气体组分总数；

　　　N_g——反应总步数；

　　　$[X_j]$——第 j 种组分的物质的量浓度，mol/L；

　　　t——时间，s；

　　　A_k——第 k 步反应的指前因子；

　　　b_k——第 k 步反应的温度指数，1/s；

　　　E_{ak}——第 k 步反应的反应活化能，kJ/mol。

（2）能量方程

$$c_v \frac{\mathrm{d}T}{\mathrm{d}t} + v\sum_{i=1}^{k_g} e_i \dot{w}_i M_i = 0 \quad i = 1,2,\cdots,k_g \tag{5-4}$$

式中　c_v——混合气体的比定容热容，J/(kg·K)；

　　　e_i——第 i 种组分的内能。

5.2.2　敏感性分析数学模型

敏感性分析是用来分析一种模型的解与出现在这个模型中各个参数之间定量关系的一种有效与系统的方法。CHEMKIN 软件包中的 SENKIN 软件包可实现组分质量分数和温度的敏感性分析。该软件包运用 DASAC（differential algebraic sensitivity analysis code）源码进行时间积分和敏感性分析。DASAC 是建立在微分/代数系数算法器 DASSL 基础上的，使用 BFD（backward differentiation formula）格式进行时间积分，可以解决包括化学动力学在内的范围宽广的刚性问题。

CHEMKIN 软件包中的敏感性系数矩阵包含各个反应速率系数是如何影响温度和物质的量分数的定量信息。假设一个变量 Z 有如下关系式[70]：

$$\frac{\mathrm{d}Z}{\mathrm{d}t} = F(Z,t,A) \tag{5-5}$$

其中，Z 可表示温度或各组分的质量分数，A 为各反应步的指前因子。当 A 变化时，会导致 Z 的变化，即温度或各组分的质量分数发生变化。敏感性分析就是分析 A 改变时，Z 随其的改变程度。改变程度越大，则 Z 受此反应步的影响越大。一阶敏感性系数矩阵可由下式计算：

$$w_{1,i} = \frac{\partial Z_1}{\partial A_i} \tag{5-6}$$

对上式求导可得：

$$\frac{\mathrm{d}w_{1,i}}{\mathrm{d}t} = \frac{\partial F_1}{\partial Z_1} \cdot w_{1,i} + \frac{\partial F_1}{\partial A_i} \tag{5-7}$$

5.2.3　反应机理

瓦斯爆炸反应是通过多步基元反应完成的。在反应初期，甲烷及氧气分子首先吸收能量离解成自由基，自由基作为反应的活化中心，与其他分子继续作用产生新的自由基，随着反应的进行，自由基数量成倍增长，反应速率不断加快，最终发展为剧烈的爆炸反应。

为了更好地分析瓦斯爆炸反应的动力学特征，本章采用了甲烷燃烧反应机理进行瓦斯爆炸化学动力学分析，此机理包括 53 种组分、325 步基元反应[71]。

5.3　瓦斯爆炸化学动力学过程分析

5.3.1　初始计算条件

可燃物发生爆炸反应的条件为一定浓度的可燃物、充足的氧气和点火源的存在。根据瓦斯爆炸反应的必要条件[72]，设定了在定容环境下计算瓦斯爆炸反应的初始条件，见表 5-1，其中，将计算环境设定为 20 L 定容弹，且以较高的混合气初始温度代替了高温热源。

表 5-1　　　　　　　　　　　　初始计算条件

初始温度/K	初始压力/MPa	反应物体积分数/%			计算时间/s
		CH_4	O_2	N_2	
1 273	0.2	10.1	18.9	71.0	0.015

5.3.2　瓦斯爆炸过程分析

在瓦斯爆炸过程中，混合气体的温度和压力都随着反应的进行而发生变化，反应物的浓度也因反应的消耗而产生变化，因而分析反应过程中温度和压力及反应物浓度的变化情况，可以在一定程度上认识反应的发展过程。在设定的初始条件下，利用 CHEMKIN 软件包中的 SENKIN 子程序包，对定容条件下的瓦斯爆炸过程进行动力学计算。图 5-1 给出了爆炸过程温度和压力的变化情况。

由图 5-1 可以看出,瓦斯气体在经过一段诱导期后发生瞬时爆炸,混合气体的温度和压力在爆炸瞬间发生突跃性升高,此后温度和压力都趋于一个稳定值。

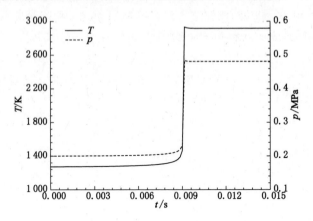

图 5-1　瓦斯爆炸过程中温度和压力的变化

图 5-2 为将爆炸附近的温度和压力进行了放大分析。由图 5-2 可以清楚地看到,温度和压力的变化趋势基本保持一致,从反应开始直到 0.008 7 s,曲线上升的幅度极其微小,从 0.008 7 s 开始,曲线有较明显的升高,此时,反应已进行得相对剧烈,放热较多。而到 0.009 0 s 时曲线出现明显拐点,曲线的斜率快速上升,即在此时,反应加速为爆炸反应,迅速放热。直到 0.009 15 s 时爆炸反应完成,温度和压力都趋于稳定,整个爆炸过程仅持续了 0.000 15 s。爆炸后,温度上升为 2 933 K,压力上升约为 0.48 MPa。由此可以看出,瓦斯爆炸瞬时完成,且温度和压力在很短时间内上升到初始值的几倍,因此其具有很强的破坏性。

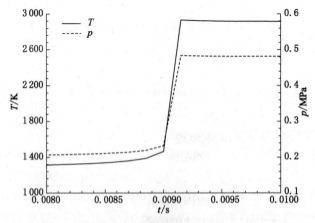

图 5-2　瓦斯爆炸过程中温度和压力的变化局部图

　　在瓦斯爆炸反应过程中,反应物甲烷及氧气的浓度随反应的进行而不断变化,图5-3给出了甲烷和氧气摩尔浓度的变化情况。由图可知,在反应初始阶段,反应物的浓度基本无变化,从0.007 0 s到0.009 0 s有明显的下降,从0.009 s开始,浓度急剧下降,反应进入爆炸阶段,浓度直线下降后到达一稳定值。在爆炸完成后,O_2的摩尔浓度仅为1.26%,而当O_2的摩尔浓度低于9%时,人很快就会进入昏迷状态,若长期处于其中,则会窒息死亡。因此瓦斯爆炸事故中,缺氧窒息死亡是造成人员死亡的重要原因之一。

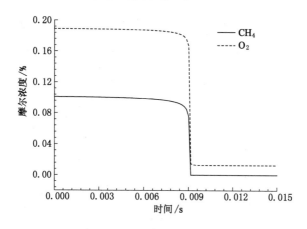

图5-3　瓦斯爆炸过程中反应物摩尔浓度的变化

　　由以上分析可以看出,用反应物浓度描述的爆炸过程与通过温度压力变化进行的描述基本保持一致,略有不同的是,甲烷和氧气浓度有明显降低的时间比压力和温度的升高时间要提前。这是因为在诱导期的后期,为链传递过程积累自由基,甲烷和氧气的消耗会增加,而此时基元反应产生的热量更多的是用于吸热的基元反应,以保证自由基的生成,因此甲烷和氧气的浓度在这个阶段已经有明显的降低,而温度和压力还不会出现明显的变化。之后,随着反应放热的不断增加,温度和压力才出现了明显的升高。

　　在瓦斯爆炸的基元反应中,具有很强化学活性的自由基在化学动力学过程中起着非常重要的作用,这些物质的发展历程决定了着火时刻以及点火能否顺利进行。对反应中自由基变化情况的分析,可以更深刻地理解爆炸中自由基在反应中的作用,本书选取了在链式反应中比较重要的H·、O·和HO·三种自由基进行分析。图5-4给出了H·、O·和HO·摩尔浓度的变化情况。由图5-4可知,H·、O·和HO·自由基的浓度从0.009 0 s开始直线上升,到0.009 15 s时到达最大值,即在爆炸过程中,三种自由基对反应的加速起了非常重要的作用。由于参与链终止反应,故三种自由基的浓度在爆炸后下降到一稳定值。

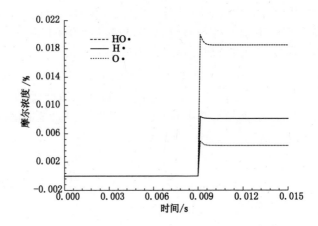

图 5-4 瓦斯爆炸过程中反应物及主要自由基摩尔浓度的变化

图 5-5 给出了甲醛在反应中的浓度变化情况。由图 5-5 可以看出,甲醛浓度在诱导期内呈指数上升,在诱导期末浓度达到最大值,进入爆炸反应后,甲醛的浓度急剧下降,这在一定程度上验证了甲醛的链引发作用。

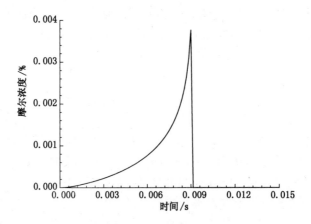

图 5-5 瓦斯爆炸过程中甲醛摩尔浓度的变化

5.3.3 敏感性分析

对反应物及主要自由基浓度变化的分析,大致描述了瓦斯爆炸反应的发展过程。在详细的瓦斯爆炸机理中包含了 325 步基元反应,温度的变化及每种物质的浓度变化都受到相关基元反应的影响。利用 CHEMKIN 软件包中的 SEN-KIN 子程序包对基元反应的温度敏感性及主要自由基的浓度敏感性进行分析,确定了影响温度及主要自由基浓度变化的关键基元反应。

5.3.3.1 温度敏感性分析

温度敏感性系数可以反映基元反应的吸热和放热情况,图 5-6 给出了反应过程中部分基元反应的温度敏感性系数变化情况。

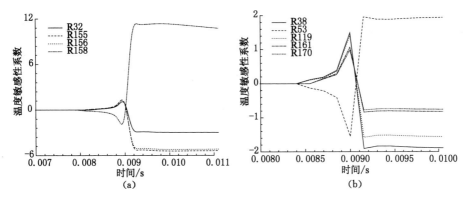

图 5-6　部分基元反应的温度敏感性系数变化情况

(a) 温度敏感性系数＞2;(b) 1＜温度敏感性系数＜2

从图 5-6 可以看出,所列的基元反应的温度敏感性系数若在反应初期为正,则在反应后期为负,即若这些基元反应在反应初期促进温度的升高,加速反应的进行,则在反应后期抑制温度的升高,减缓反应的进行;反之亦然。

表 5-2 列出了温度敏感性系数较大的基元反应的化学反应式,这些基元反应在很大程度上影响着爆炸过程中温度的变化,在分析整个反应过程时需要特别关注。R38 是重要的起始反应,消耗了反应物 O_2,生成了 $O \cdot$ 和 $HO \cdot$ 自由基,这两种自由基是后续反应的活化中心,为反应的持续和加速提供保障。R53 是 CH_4 氧化脱氢的主要反应之一,生成的 $CH_3 \cdot$ 是 CH_4 参与基元反应的主要自由基形式。根据对温度敏感性的分析,R167($HCO \cdot + M = H \cdot + CO + M$)也是影响温度改变的主要自由基之一,此基元反应和 R32、R119、R155、R156、R161、R170 一起构成了甲烷的主要氧化途径:

$$CH_4 \rightarrow CH_3 \cdot \rightarrow CH_2O \rightarrow HCO \cdot \rightarrow CO$$

$$\downarrow \qquad \nearrow$$

$$CH_3O \cdot$$

$CH_3 \cdot$ 通过 R155 和 R156 两个氧化反应生成了中间产物甲醛 CH_2O 以及自由基 $CH_3O \cdot$、$O \cdot$、$HO \cdot$,CH_2O 的链引发作用将使其浓度上升,浓度的上升时间在一定程度上决定着诱导期的长短。R32 及 R170 氧化生成了 $HO_2 \cdot$,其是加速反应进行的主要自由基之一。R158 在爆炸前温度敏感性系数为负,即主要进行逆反应,吸收热量,而在爆炸后,温度敏感性系数为正,且值相当大,作为销毁自由基的反应,是链断裂的重要基元反应,对温度产生了较大的影响。

表 5-2   **温度敏感性系数大于 1 的基元反应**

序号	化学反应式
R32	$O_2 + CH_2O = HO_2 \cdot + HCO \cdot$
R38	$H \cdot + O_2 = O \cdot + HO \cdot$
R53	$H \cdot + CH_4 = CH_3 \cdot + H_2$
R119	$HO_2 \cdot + CH_3 \cdot = HO \cdot + CH_3O \cdot$
R155	$CH_3 \cdot + O_2 = O \cdot + CH_3O \cdot$
R156	$CH_3 \cdot + O_2 = HO \cdot + CH_2O$
R158	$2CH_3 \cdot (+M) = C_2H_6 (+M)$
R161	$CH_3 \cdot + CH_2O = HCO \cdot + CH_4$
R170	$CH_3O \cdot + O_2 = HO_2 \cdot + CH_2O$

5.3.3.2 自由基浓度敏感性分析

自由基浓度在链式反应的链引发、链传递及链终止过程中都起了主要的作用，自由基浓度的变化在很大程度上影响着链式反应的进行。通过对主要自由基浓度变化影响较大的基元反应进行分析，可以加深对自由基影响机理的理解。通过对瓦斯爆炸反应中主要自由基 $H \cdot$、$O \cdot$ 及 $HO \cdot$ 的浓度敏感性分析，发现对这三种自由基的浓度变化和对温度变化影响较大的基元反应几乎完全相同。通过分析结果，发现这些基元反应除了在温度敏感性分析中列出的 9 个反应外，还包括 $R57[H \cdot + CH_2O(+M) = CH_3O \cdot (+M)]$、$R98(HO \cdot + CH_4 = CH_3 \cdot + H_2O)$ 和 $R118(HO_2 \cdot + CH_3 \cdot = O_2 + CH_4)$。其中敏感性系数较大的反应为 R158、R155、R156、R32、R53 和 R38，这些反应包括了爆炸反应中的链引发、链支化及链终止反应。在反应完成前，三种自由基浓度敏感性系数为正的基元反应均为 R32、R38、R118、R119、R155、R156、R161 和 R170，即这些反应促进了自由基浓度的增加，加速了反应的进行。图 5-7 分别列出了对 $H \cdot$、$O \cdot$ 及 $HO \cdot$ 浓度的变化影响较大的部分基元反应。

某一种自由基的浓度是由许多基元反应构成的反应链共同作用的结果，基元反应对自由基浓度的影响机理较为复杂。由图 5-7 可知，不同的基元反应对不同自由基浓度的影响程度是不同的。有些基元反应虽然不含有 $H \cdot$、$O \cdot$ 或 $HO \cdot$ 自由基，但是仍然对这三种自由基的浓度具有较大的影响，原因是反应包含在此种自由基的反应链中，影响着生成此种自由基的反应的进行，从而影响了自由基的浓度。

在诱导期，$H \cdot$、$O \cdot$ 及 $HO \cdot$ 在加速反应上具有举足轻重的作用，尤其是在反应的起始阶段，三种自由基是保证反应顺利进行的关键组分。部分基元反应的自由基浓度敏感性系数在反应起始阶段已有较明显的变化，图 5-8 给出了其

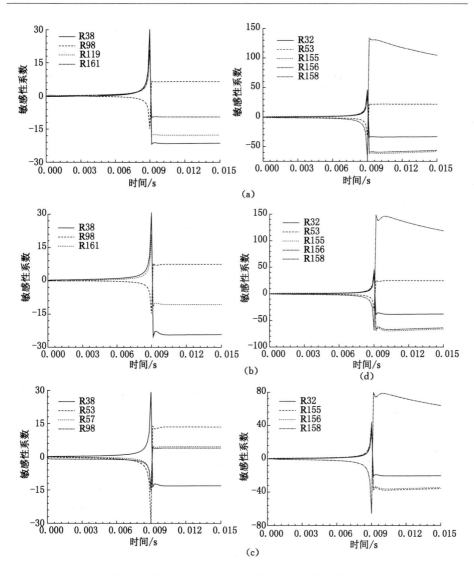

图 5-7　部分基元反应的自由基浓度敏感性系数(1)

(a) H · ;(b) O · ;(c) HO ·

中部分基元反应的自由基浓度敏感性系数在反应起始阶段的变化情况。

在反应初期,对 H · 和 O · 浓度影响较大的基元反应基本相同。由图 5-8(a)、(b)可知,在反应起始阶段,R118、R155 和 R53 的自由基浓度敏感性系数较大,即这三个基元反应在很大程度上决定着起始阶段 H · 、O · 的浓度。甲烷氧化反应 R118 和 CH$_3$ · 的氧化反应 R155 的敏感性系数为正,即对 H · 、O · 的生成起促进作用,而 CH$_4$ 的氧化脱氢反应 R53 消耗 H · ,使 H · 浓度降低,因此敏感性系数为

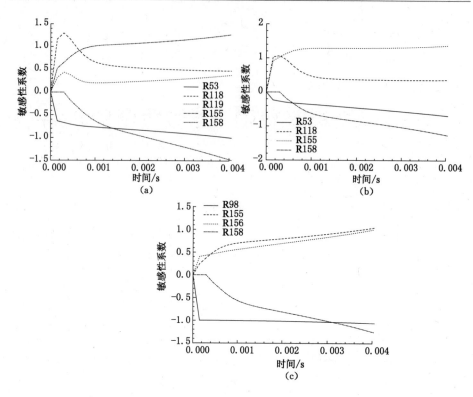

图 5-8　部分基元反应的自由基浓度敏感性系数(2)

(a) H·;(b) O·;(c) HO·

负,然而虽然此反应抑制了 H· 和 O· 的生成,但是却生成了 CH$_3$· 来参与后续的反应过程。这三个反应的氧化过程都为反应的进行提供了必要的自由基,是起始阶段的关键基元反应。由分析可知,R119 和 R158 对反应开始阶段 H·、O· 的浓度也有较大的影响。

由图 5-8(c)可知,R98 对 HO· 起始浓度变化影响最大,其消耗 HO·,使 CH$_4$ 氧化为 CH$_3$· 。R158、R155 和 R156 在反应起始阶段的敏感性系数变化也较大,即对 HO· 的起始浓度也有较大的影响。

反应初始阶段自由基的积累直接影响着点火延迟时间的长短。R38 是主要的链分支反应之一,其他反应通过直接生成主要自由基或生成自由基 CH$_3$· 而直接或间接影响 H·、O· 和 HO· 等主要自由基的浓度。根据阿伦尼乌斯公式可知,温度升高,反应速率常数增大,反应速率加快。因此,随着初始温度的升高,基元反应速率加快,自由基浓度增加,在反应初始阶段,更多的自由基作为活化中心参与基元反应,点火源周围更多的分子参与到链式反应中,使反应得以更快地延续下去,从而缩短了反应发展为爆炸式氧化反应的时间。

6 瓦斯爆炸流体动力学数值模拟研究

6.1 引　　言

由于流体流动的复杂性,尤其是具体到密闭空间的气体爆炸,很多问题通过理论分析并不能得到详细的解析解,而在实验研究过程中,实验手段的限制、耗资高、周期长等现实因素的约束也很难得到具有普适性的规律结论。计算流体动力学(CFD)则弥补了理论和实验研究方面的不足,其是一种基于离散化的数值计算方法,自 20 世纪 60 年代被提出后便得到了迅速发展。计算流体力学针对不同性质的偏微分方程发展了不同的相应数值解法,主要包括有限差分法、有限元法和有限体积法。自 1981 年以来,陆续出现了 PHOENICS、CFX、STAR-CD、FIDAP 和 FLUENT 等多个商用 CFD 软件[73]。

FLUENT 软件是现阶段处于世界领先地位的商业 CFD 软件包之一,在流体模拟中被广泛采用,可以用来模拟和分析有关流体流动、传热、化学反应等的工程问题。本章运用 FLUENT 软件对不同初始条件下密闭空间的瓦斯爆炸过程进行了数值模拟,通过对模拟得到温度、压力、组分等的变化情况,分析初始温度、点火能量和初始压力对瓦斯爆炸的影响。在前处理中运用 GAMBIT 建立密闭空间瓦斯爆炸的物理模型并进行了网格划分,在后处理阶段综合运用 FLUENT 软件自带的后处理器及 TECPLOT 后处理软件对模拟结果进行处理和分析。

6.2 理论模型的建立

在运用 FLUENT 软件进行数值模拟时,建立合适的理论模型对于模拟结果的正确性具有非常重要的作用。在进行密闭空间瓦斯爆炸的数值模拟过程中,主要需要建立合适的物理模型、湍流模型和燃烧模型,同时还需要考虑湍流流动和燃烧反应之间的相互作用。

6.2.1 物理模型

本章物理模型为 20 L 球形爆炸罐(图 6-1),直径为 0.17 m,采用中心点火

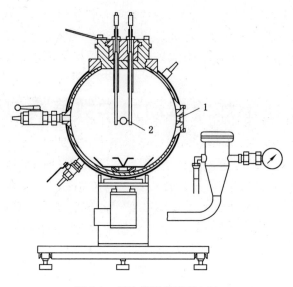

图 6-1　爆炸罐示意图(20 L)

形式,两电极之间距离为 3 mm(图 6-1 中 2 所示),压力取样点在壁面处(图 6-1 中 1 所示)。由于球形爆炸罐具有对称性,所以只对模型的上一半进行数值模拟计算,将下边界设为对称边界条件。

6.2.2　湍流模型

瓦斯爆炸是复杂的湍流燃烧爆炸过程,因而在模拟中首先需要确定合适的湍流模型。FLUENT 软件中主要包括以下几种湍流模型[74,75]:

(1) Spalart-Allmaras 模型

此模型是由 Spalart 和 Allmaras 提出,在低雷诺数流动的模拟中具有良好的适应性。在解决动力漩涡黏性问题上,此模型建立了一组相对简单的方程组,在计算中忽略了与剪切应力层厚度相关的长度尺寸。Spalart-Allmaras 模型更多的应用于航空领域,主要用来计算壁面约束流动。

(2) $k\text{-}w$ 模型

此模型考虑了低雷诺数、可压缩及剪切流的传播,能够预测自由剪切流的传播速率,可以用于计算壁面约束流动和自由剪切流动。通过标准 $k\text{-}w$ 模型变形得到的剪切压力传输(SST)$k\text{-}w$ 模型在近壁区域结合 $k\text{-}w$ 模型和下文所述的$k\text{-}\varepsilon$模型,并且合并了来源于 w 方程中的交叉扩散,在湍流黏度中考虑了湍流剪切应力的传播,因而其在精度和可信度上都比标准 $k\text{-}w$ 模型有所提高。

(3) 雷诺应力模型(RSM)

此模型解决了关于 N-S 方程中的雷诺应力和耗散速率,在计算中考虑了雷诺应力的发展过程,诸如流线曲率、旋转系统等非局部性效应,是 FLUENT 软件中最精细的湍流模型,在应用于复杂流场中与雷诺应力有关的预测中具有较高的精度,而影响其预测精度的主要因素为压力应力和耗散速率。如果在预测流场分布时需要将雷诺应力的各向异性考虑在内,则必须采用 RSM 模型。

(4)k-ε 模型

此模型需要求解速度和长度两个变量,是最简单的完整湍流模型的两方程模型。Launder 和 Spalding 提出了标准 k-ε 模型,此后通过对此模型的改进,又有学者提出了 RNG k-ε 模型和带旋流修正的 k-ε 模型。RNG k-ε 模型考虑了湍流漩涡,并对 ε 方程进行了改进,而且还为湍流 Prandtl 数提供了解析公式,因此其精度与标准 k-ε 模型相比得以提高。RNG k-ε 模型在快速应变流及带有压力梯度的计算中具有良好的精度[76]。综合考虑计算的精度及时间,我们选择 RNG k-ε 模型作为瓦斯爆炸的湍流模型,该模型中的主要控制方程为:

k 方程:

$$\frac{\partial}{\partial t}(\rho k)+\frac{\partial}{\partial x_i}(\rho k u_i)=\frac{\partial}{\partial x_j}\left(\alpha_k \mu_{\text{eff}}\frac{\partial k}{\partial x_j}\right)+G_k+G_b-\rho\varepsilon-Y_M+S_k \quad (6\text{-}1)$$

ε 方程:

$$\frac{\partial}{\partial t}(\rho\varepsilon)+\frac{\partial}{\partial x_i}(\rho\varepsilon u_i)=\frac{\partial}{\partial x_j}\left(\alpha_k \mu_{\text{eff}}\frac{\partial\varepsilon}{\partial x_j}\right)+C_{1\varepsilon}\frac{\varepsilon}{k}(G_k+C_{3\varepsilon}G_b)-C_{2\varepsilon}\rho\frac{\varepsilon^2}{k}-R_\varepsilon+S_\varepsilon$$

$$(6\text{-}2)$$

其中:α_k,α_ε 均为随湍流流场变化的系数;Y_M 为考虑流场可压缩性的修正项;$k=\frac{1}{2}\overline{u_i' u_i'}$ 是湍流脉动的动能;ρ 是气体密度;f 是衰减函数;ε 是湍流动能的耗散率;G_k 是由层流速度梯度而产生的湍流动能;G_b 是由浮力影响引起的湍动能;R_ε,S_ε 为 ε 方程的修正项;$\mu_{\text{eff}}=\mu+\mu_t$ 为流动过程中总的流动黏性;μ_t 为湍流黏性系数,相当于湍流引起的黏性增加,仅与流动有关;$C_{1\varepsilon}$,$C_{2\varepsilon}$,$C_{3\varepsilon}$ 为 ε 方程的常数项。

壁面的存在对湍流流场产生了很大影响,壁面附近的黏性力将抑制流体切向速度的改变,而且壁面的阻碍抑制了流体的正常波动。RNG k-ε 模型仅适用于湍流核心区域,即远离壁面区域的计算,应用于计算壁面附近的流动并不合适,因此对于壁面边界层的流动应当予以单独的设置。在描述压力梯度和偏离平衡点的问题时,非平衡壁面函数优于标准壁面函数,由于瓦斯爆炸流场中存在较大的压力梯度,且变化速度较快,因而本书选取非平衡壁面函数来描述模型中的壁面流动情况。

在 FLUENT 软件中,温度壁面方程包含了黏性力消耗散热项,在非平衡壁面函数法和标准壁面函数法中,温度的壁面方程是相同的,即:

$$T^* = \frac{(T_w - T_P)\rho c_p C_\mu^{1/4} k_P^{1/2}}{\dot{q}}$$

$$= \begin{cases} \Pr y^* + \dfrac{1}{2}\rho \Pr \dfrac{C_\mu^{1/4} k_P^{1/2}}{\dot{q}} U_P^2 & (y^* < y_T^*) \\[4mm] \Pr_t\left[\dfrac{1}{\kappa}\ln(Ey^*) + P\right] + \dfrac{1}{2}\rho \dfrac{C_\mu^{1/4} k_P^{1/2}}{\dot{q}}\{\Pr_t U_P^2 + (\Pr - \Pr_t)U_c^2\} & (y^* > y_T^*) \end{cases} \tag{6-3}$$

式中　　T_w —— 壁面温度；

T_P —— 近壁面网格的温度；

ρ —— 流体的密度；

C_P —— 流体的热容；

K_P —— P 点的湍流动能；

$\Pr$ ——分子 Prandtl 数；

$\Pr_t$ —— 湍动 Prandtl 数；

U_c ——$y^* = y_T^*$ 处的平均速度，这里的 y_T^* 为在给定 $\Pr$ 的条件下所对应的黏性底层与对数律层转换时的 y；

$\dot{q}$ ——热流量；

U_P —— P 点的时均速度值。

在传统的壁面方程中，认为不同种流体的热传递是相似的，因而不论在标准壁面函数法中还是非平衡壁面函数法中，某种流体的壁面函数可以用不含流动扩散项的流动方程来表示，即：

$$Y^* = \frac{(Y_{i,w} - Y_i)\rho C_\mu^{0.25} k_P^{0.5}}{\dot{q}} = \begin{cases} Sc\, y^* \\[2mm] Sc_t\left[\dfrac{1}{\kappa}\ln(Ey^*) + P_c\right] \end{cases} \quad (y^* < y_c^*) \tag{6-4}$$

式中　　$(Y_{i,w} - Y_i)$ ——实际流体的质量数；

Sc ——分子施密特数；

Sc_t ——湍流施密特数。

基于壁面流动的两层理论，非平衡壁面函数法采用 Launder 和 Spalding 的对数法则修正了压力的影响，并采用两层理论来计算湍流壁面附近单元的动能。由压力修正的平均流速对数法则为：

$$\frac{\tilde{U} C_\mu^{1/4} k_P^{1/2}}{\tau_w/\rho} = \frac{1}{\kappa}\ln\left(E\frac{\rho C_\mu^{1/4} k_P^{1/2} y_P}{\mu}\right) \tag{6-5}$$

式中：

$$\tilde{U} = U_P - \frac{1}{2}\frac{\mathrm{d}p}{\mathrm{d}x}\left[\frac{y_v}{\rho\kappa\sqrt{k_P}}\ln\left(\frac{y_P}{y_v}\right) + \frac{y_P - y_v}{\rho\kappa\sqrt{k_P}} + \frac{y_v^2}{\mu}\right]$$

其中：$y_v = \dfrac{\mu y_v^*}{\rho C_\mu^{1/4} k_P^{1/2}}$，$y_v^* = 11.225$。$C_\mu$ 为湍流约束系数；ρ 为流体密度；μ 为流体的时均速度；τ_w 为壁面剪切应力；κ 为 Karman 常数；E 为与表面粗糙度有关的常数；y_P、k_P、U_P 分别为计算点 P 到壁面的距离、P 点的湍流动能以及 P 点的时均速度值。

在壁面附近处假设 k 的产生及其发散率等于壁面附近的控制容积，基于此平衡假设，可以计算流体动能 G_k 和其发散率 ε，即：

$$G_k \approx \tau_w \frac{\partial U}{\partial y} = \tau_w \frac{\tau_w}{\kappa \rho C_\mu^{1/4} k_P^{1/2} y_P} \tag{6-6}$$

$$\varepsilon_P = \frac{C_\mu^{3/4} k_P^{3/2}}{\kappa y_P} \tag{6-7}$$

6.2.3 燃烧模型

由于瓦斯爆炸过程在本质上是湍流燃烧过程，因而在建立湍流模型的基础上，还需要建立瓦斯爆炸的燃烧模型，以确定反应的能量释放情况，从而确定各影响因素对反应的影响作用。合适的燃烧模型的选择，可以更准确地描述瓦斯爆炸的发展控制机理。FLUENT 软件中包含多种燃烧模型、辐射模型及与燃烧相关的湍流模型，适应于各种复杂情况下的燃烧问题，包括固体火箭发动机和液体火箭发动机的燃烧过程、燃气轮机中的燃烧室、民用锅炉、工业熔炉及加热器等。燃烧模型是 FLUENT 软件优于其他 CFD 软件的最主要特征之一。FLUENT 软件中主要的气体燃烧模型主要有[77]：

（1）有限速率模型

此模型运用用户自行定义的化学反应机理进行反应物及生成物输运组分方程的求解，在组分输运方程中通过 Arrhenius 方程或涡耗散模型将反应速率作为源项进行计算。有限速率模型可以用来模拟大多数气相燃烧问题，适应于预混燃烧、局部预混燃烧和非预混燃烧，被广泛应用于航空航天领域的燃烧计算中。

（2）PDF 模型

此模型用概率密度函数 PDF 描述湍流效应，通过求解混合组分分布的输运方程来确定各组分的浓度，且不需要用户定义化学反应机理，而是通过火焰面方法（即混燃模型）或化学平衡处理反应中的速率问题。PDF 模型尤其适合于湍流扩散火焰的模拟和类似的反应过程。该模型应用于非预混燃烧（湍流扩散火焰），可以用来计算航空发动机的环形燃烧室及液体/固体火箭发动机中的复杂燃烧问题。

（3）非平衡反应模型

在富油一侧的火焰模拟中，典型的平衡火焰假设将不再适用。此模型在混合组分/PDF 模型基础上改进得到,可以用来模拟分析非平衡火焰燃烧,而且可以分析氮氧化合物的生成状况。该模型可以模拟火箭发动机的燃烧问题和RAMJET 及 SCRAMJET 的燃烧问题。

(4) 预混燃烧模型

此模型通过求解各种反应过程变量来预测火焰面位置,并引入了湍流火焰速度,通过层流和湍流火焰速度的关系来考虑燃烧中的湍流效应。该模型专用于计算燃烧系统或纯预混的反应系统,可以用于飞机加力燃烧室、汽轮机、天然气燃炉等燃烧计算。

6.3 数值计算方法

6.3.1 有限体积法

目前,CFD(计算流体动力学)主要的数值方法有有限元法、有限差分法和有限体积法。其中有限元法采用数值积分的方法,故具有计算精度高、对网格的适应性好及程序通用性强的优点,但计算所需要的硬件资源大,程序的改动利用较为困难。有限差分法采用差商代替微商的方法,计算速度快,所需要的硬件资源小,程序的改动利用性好,但精度相对低,对网格的形式要求高。近年来,尽管通过广泛采用 TVD 格式和 ENO 格式大大提高了计算的精度,但对复杂边界的处理仍比较困难。有限体积法则结合了有限元法和有限差分法的优点,它既可利用数值积分算法和 TVD、ENO 原理灵活地构造数值方法[78-80],提高计算精度,又可利用结构网格和非结构网格离散复杂求解区域,具有较好的边界适应性。因此,近年来有限体积法得到了广泛的利用。

有限体积法的基本思路是将计算区域化分为网格,并使每个网格点周围有一个互不重复的控制体积,将待解微分方程(控制方程)对每一个控制体积积分,从而得出一组离散方程。其必须遵守的基本原则是控制体积界面上的连续性;正系数;源项的负斜率线性化;系数 a_P 等于相邻节点系数之和。

有限体积法是一种数值积分方法,因此先将爆炸流场的控制方程中的时均N-S组写为积分形式:

$$\int_V \frac{\partial U}{\partial t} dV + \oint [F - G] \cdot d\vec{A} = \int_V H dV \tag{6-8}$$

对于二维流场的模拟,上式中:

$$U = \begin{bmatrix} \rho & \rho u & \rho v & \rho E \end{bmatrix}^T$$

$$F = \begin{bmatrix} \rho V & \rho Vu + p\vec{i} & \rho Vv + p\vec{j} & \rho VE + pV \end{bmatrix}^T$$

$$G = \begin{bmatrix} 0 & \tau_{xi} & \tau_{yi} & \tau_{ij}u_j + q \end{bmatrix}$$

其中：$V = u_1\vec{i} + u_2\vec{j} = u\vec{i} + v\vec{j}$；$q$ 为导热相；F 为无黏通量；G 为黏性通量。

考虑到算法的通用性和叙述的方便,在此按二维非结构网格离散求解域的情况来讨论,如图 6-2 所示。以单元体几何中心为控制点,则体积分可以离散为：

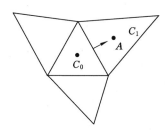

图 6-2　有限体积控制体

$$\int_{V_C} \phi\,\mathrm{d}V = \phi_C V_C \tag{6-9}$$

式中,ϕ 为单元中的物理量,ϕ_C 为 ϕ 在控制点 C 的值。

面积分可离散为：

$$\oint \vec{\phi}\,\mathrm{d}\vec{A} = \sum_{f=1}^{N} \vec{\phi}_f \cdot \vec{A}_f \tag{6-10}$$

式中,N 为单元边界数,ϕ_f 为 ϕ 在单元边界面 f 的取值,ϕ_f 的计算方法将决定有限体积法的精度和稳定性。

6.3.2　控制方程求解格式

目前对湍流流场的模拟仍以 SIMPLE 算法为主,在爆炸流场的计算中,这种方法的最大弱点是对压力波(尤其是冲击波)没有足够的计算精度。由于瓦斯爆炸过程中压力波与火焰耦合作用明显,因此通过现有算法对爆炸机理分析存在明显不足。

对爆轰波模拟采用的 TVD 格式、ENO 格式往往可以有效捕捉到冲击波,但需要对控制方程组耦合求解,多数用到矢通分裂的算法,而耦合算法在解带有湍流组分方程、k 方程、ε 方程的控制方程组时处理相当困难。

为此,本书采用对时均 N-S 方程耦合求解,而对湍流组分方程、k 方程、ε 方程的控制方程独立求解的混合算法。

具体求解过程中,对时间作一阶显格式离散。即将变量 ϕ 随时间的变化：

$$\frac{\partial \phi}{\partial t} = f(\phi) \tag{6-11}$$

离散为：

$$\frac{\phi^{n+1} - \phi^n}{\Delta t} = f(\phi) \tag{6-12}$$

对于独立求解的各种组分控制方程、k 方程和 ε 方程中的对流项直接采用迎风格式：

$$\phi_f = \phi + \nabla\phi \cdot \vec{s} \tag{6-13}$$

其中，ϕ 和 $\nabla\phi$ 均取位于通量上风的单元的值，$\vec{s}$ 为位于通量上风单元控制点到单元边界 f 的取值。式中的 $\nabla\phi$ 利用格林公式计算，即：

$$\nabla\phi = \frac{1}{V} \sum_{f=1}^{N} \tilde{\phi}_f \cdot \vec{A}_f \tag{6-14}$$

其中，$\tilde{\phi}_f$ 为边界 f 两边单元中 ϕ 值的平均。

对时均 N-S 方程中的黏性通量的处理直接利用中心差分格式，即：

$$\phi_f = \frac{1}{2}(\phi_0 + \phi_1) + \frac{1}{2}(\nabla\phi_0 \cdot \vec{r}_0 + \nabla\phi_1 \cdot \vec{r}_0) \tag{6-15}$$

在时均 N-S 方程中耦合求解过程中，无黏通量的处理较为复杂，利用矢通分裂和重构算法，即：

$$F_f = \frac{1}{2}(F_R + F_L) - \frac{1}{2}\Gamma|\hat{A}|(Q_R - Q_L) \tag{6-16}$$

其中：Γ 为相应于 ϕ 的广义扩散系数；$(F_R + F_L)$ 为界面的对流质量通量；$(Q_R - Q_L)$ 为界面的扩散传导项；$|\hat{A}| = M|\Lambda|M^{-1}$。

在矢通分裂的基础上，采用如下的 Barth 重构算法：

$$\phi_f = \phi + \Phi\nabla\phi \cdot \vec{s} \tag{6-17}$$

式中限制器：以 ϕ^l 为例：

$$\Phi = \begin{cases} \min\left(1, \dfrac{\phi_j^{\max} - \overline{\phi}}{\phi^l - \overline{\phi}}\right), \phi^l - \overline{\phi} > 0 \\ \min\left(1, \dfrac{\phi_j^{\min} - \overline{\phi}}{\phi^l - \overline{\phi}}\right), \phi^l - \overline{\phi} < 0 \\ 1, \phi^l - \overline{\phi} = 0 \end{cases} \tag{6-18}$$

6.4 建模与分网

本书以 GAMBIT 软件进行瓦斯爆炸容器的几何建模和网格划分。GAM-BIT 是专用前处理软件包，用来为 CFD 模拟生成网格模型，由它所生成的网格可供多种 CFD 程序或商用 CFD 软件所使用。GAMBIT 的主要功能包括三个方面：构造几何模型、划分网格和指定边界。其中，划分网格是其最主要的功能。

GAMBIT 提供了多种网格单元,可根据用户的需求,自动完成划分网格这项繁杂的工作。它可以生成结构网格、非结构网格和混合网格等多种类型的网格。它有着良好的自适应功能,能对网格进行细分或粗化,可生成不连续网格、可变网格和滑移网格。

6.4.1　网格划分

燃烧模拟中,为了收敛和精确度,高质量的网格是关键。要求:低扭曲度(任何一处都要小于 0.9);适当的宽高比(<10);足够但不过度的分辨率;平缓的微元体积变化(<30%);边界正交。

本书采用的有限体积计算方法是基于非结构网格的,可在结构网格和非结构网格上对理论模型进行求解。经过多次模拟实验,发现使用非结构网格时,由于火焰锋面处存在很大的温度梯度与密度梯度,会造成湍流黏度比不符合实际条件;采用非正则网格对半径较大区域进行加密,会造成在交界面处产生回流,这不符合实际情况;最后发现四边形结构网格效果较好,故最终采用结构网格对计算区域进行划分。中心处网格 0.2 mm,边界处由于要适应所选用的边界层方程,进行了网格加密。网格划分如图 6-3 所示。

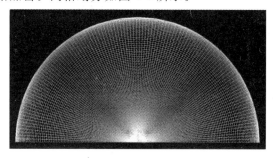

图 6-3　网格示意图

6.4.2　边界条件设置

对于实验罐体壁面按典型的无滑移、无渗透边界设定;反应时间在毫秒时间尺度,故作绝热壁面处理[53,81-83];在模型的下边界设置为对称边界条件。

6.4.3　初始条件设置

(1)初始温度对瓦斯爆炸特性的影响设定

初始温度变化范围为 298～773 K(25～500 ℃)。共分为 14 个温度水平,分别为 298 K、323 K、348 K、373 K、398 K、423 K、448 K、473 K、523 K、573 K、623 K、673 K、723 K、773 K;初始压力为 101 325 Pa;初始组分条件(质量分数)为 CH_4 5.3%、O_2 21%、N_2 73.7%;点火能量为 10 J。

(2)点火能量对瓦斯爆炸特性的影响设定

点火能变化范围为 1～400 J。共分为 10 个水平,分别为 1 J、10 J、60 J、100

J、150 J、200 J、250 J、300 J、350 J、400 J；初始压力为101 325 Pa；初始温度为298 K；初始组分条件（质量分数）为 CH_4 5.3%、O_2 21%、N_2 72.7%。

（3）初始压力对瓦斯爆炸特性的影响设定

初始压力变化范围（绝对压力）为0.103~2.0 MPa。共分为11个压力等级，分别为0.103 MPa、0.188 MPa、0.298 MPa、0.403 MPa、0.499 MPa、0.750 MPa、1.0 MPa、1.25 MPa、1.5 MPa、1.75 MPa、2.0 MPa；初始温度为298 K；初始组分条件（质量分数）为 CH_4 5.3%、O_2 21%、N_2 73.7%；点火能量为10 J。

6.4.4　材料设置

在FLUENT软件中，当采用一步或者两步反应进行燃烧模拟时，由于忽略了部分中间产物，会造成对温度的模拟过高。因此，FLUENT软件推荐了对比定压热容的修正多项式：

$$c_p(T) = \sum_{k=0}^{m} a_k T^k \tag{6-19}$$

式中的多项式系数如表6-1、表6-2所列。

表6-1　　　　　　　修改后的比定压热容多项式系数（1）

系数	CO_2	H_2O	O_2
a_0	5.354 46e+02	1.937 80e+03	8.763 17e+02
a_1	1.278 67e+00	−1.180 77e+00	1.228 28e−01
a_2	−5.467 76e−04	3.643 57e−03	5.583 04e−04
a_3	1.892 04e−10	−2.863 27e−06	−1.202 47e−06
a_4	1.892 04e−10	7.595 78e−10	1.147 41e−09
a_5	—	—	−5.123 77e−13
a_6	—	—	8.565 97e−17

表6-2　　　　　　　修改后的比定压热容多项式系数（2）

系数	N_2	CH_4	CO	H_2
a_0	1.027 05e+03	2.005 00e+03	1.046 69e+03	1.414 7e+04
a_1	2.161 82e−02	−6.814 28e−01	−1.568 41e−01	1.737 2e−01
a_2	1.486 38e−04	7.085 89e−03	5.399 04e−04	6.9e−04
a_3	−4.484 21e−08	−4.713 68e−06	−3.010 61e−07	—
a_4	—	8.513 17e−10	5.050 48e−11	—

6.5 模拟结果分析

6.5.1 初始温度对瓦斯爆炸特性的影响

初始温度是指预混气体爆炸发生时的环境温度。不同初始温度情况下,气体分子动能不同,影响活性分子数目,进而影响点火以及点火后的火焰发展状况。本节从爆炸压力、爆炸温度、火焰锋面移动速度和甲烷组分等方面,分析研究不同初始温度对爆炸特性的影响。

(1)初始温度对爆炸压力的影响

通过模拟分别得到了初始温度在 298 K、373 K、473 K、573 K、673 K、773 K 条件下距离爆炸罐体中心点约 0.15 m 处的压力变化曲线和最大爆炸压力曲线,如图 6-4 和图 6-5 所示。

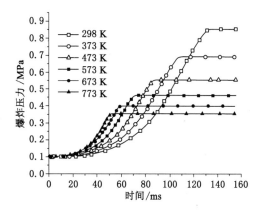

图 6-4 不同初始温度下压力变化曲线图

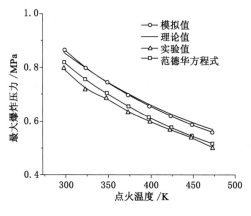

图 6-5 最大爆炸压力曲线

由图 6-4 可以看出,随着反应的进行爆炸压力逐渐上升,直到升到最大值。与实验条件中压力变化曲线不同的是,当爆炸压力上升到最大值后并非逐渐下降,而是趋于平稳。原因在于,在实际实验条件下,容器壁面并非绝热的,由于罐体冷却效应或气体泄漏与外界存在热交换,造成能量损失,爆炸压力在上升到最大值之后逐渐衰减。在模拟条件下,爆炸容器壁面为绝热条件,整个系统是一个统一的整体,没有造成热量的损失。

同时,从图 6-4 可以看出 6 条压力曲线变化规律相同,但在不同的初始温度条件下,所达到的最大压力值不同。在 298 K、373 K、473 K、573 K、673 K、773 K 条件下,压力最大值分别约为 8.53 atm、6.90 atm、5.53 atm、4.61 atm、4.00 atm、3.54 atm(均为绝对压力)。这说明,随着初始温度条件的升高,瓦斯爆炸后的压力随之下降。同时从图中可以看出,在不同初始温度条件下,达到压力最大值所用的时间也不相同,在 298 K、373 K、473 K、573 K、673 K、773 K 条件下,达到压力最大值的时间分别约为 131 ms、106 ms、87 ms、71 ms、58 ms、50 ms,由此可看出随着初始温度的升高,瓦斯爆炸反应进程完成时间变短,从变化幅度看,初始温度对瓦斯爆炸的进程发展有着重要影响。

常温常压情况下(即初始温度为 298 K、1 atm 时),反应最终的压力峰值的理论值近似在 0.8~0.9 MPa(绝压)之间,因此数值模拟计算值 0.853 MPa(绝压)与理论值非常接近。

从图 6-5 可以看出,最大爆炸压力随着初始温度的升高逐渐减小,并且其变化率随着初始温度的升高也逐渐减小。在图中理论值是假设整个爆炸罐内气体同时点火情况下的最大爆炸压力,范德华方程温度取值为 2 400 K,这一取值为实测爆炸温度值。从图中可以看出,理论值和模拟值比实验值高出 0.05 MPa 左右;范德华方程得出的值与实验值较为接近。这是因为,模拟值与理论值都是在绝热壁面假设没有热量损失的情况下得到的;范德华方程温度取值更接近实验值。另一方面,由于实验设备不可能绝对密封,实验也可能出现漏气现象,导致结果偏小。

(2)初始温度对火焰温度的影响

图 6-6 至图 6-8 分别为不同温度条件下,距点火中心 0.05 m、0.10 m 和 0.15 m 的温度变化曲线。

表 6-3 详细列出了火焰锋面经过测点的时间与温度。根据表 6-3 作出了火焰锋面到经过各测点时的温度曲线,如图 6-9 所示。

由图 6-6 至图 6-8 可以看出,点火后爆炸罐体内各测点处温度在起初上升很缓慢,随着反应的进行,火焰锋面到达后,温度急剧上升,当上升到某一值时,出现拐点,温度继续升高但上升速率比较平缓,经过一段时间逐渐趋于稳定。

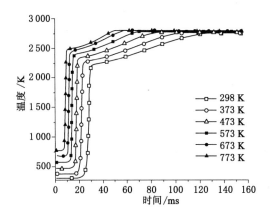

图 6-6　温度变化曲线(0.05 m)

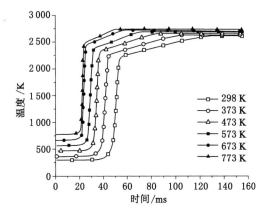

图 6-7　温度变化曲线(0.10 m)

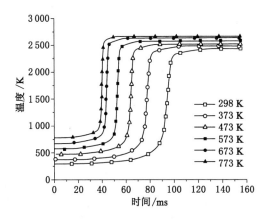

图 6-8　温度变化曲线(0.15 m)

表 6-3 火焰锋面经过测点的时间与温度

初始温度/K	测点与点火点的距离/m					
	0.05		0.10		0.15	
	时间/ms	温度/K	时间/ms	温度/K	时间/ms	温度/K
298	33	2 228	58	2 252	104	2 352
373	27	2 283	49	2297	84	2 386
473	21	2 344	40	2 356	71	2 443
573	19	2 412	37	2 417	59	2 501
673	15	2 456	29	2 478	49	2 563
773	13	2 498	28	2 529	46	2 623

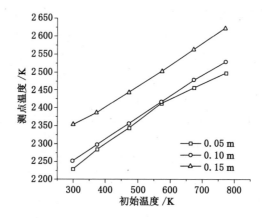

图 6-9 火焰面经过时各测点的温度曲线

在距离点火点相同距离的测点处,初始温度较高时火焰锋面先到达测点。而且时间差随着燃烧的发展逐步扩大。由表 6-3 可得到,初始温度为 298 K 和初始温度为 773 K 时火焰锋面到达 0.05 m 的时间相差 20 ms,这一值在 0.10 m 处为 30 ms,0.15 m 时为 58 ms。初始温度为 298 K 时燃烧完全的时间大约是初始温度为 773 K 时的 2 倍。这是由于随着初始温度的升高,分子平均动能增加,使分子间的有效碰撞概率增大,加快了燃烧爆炸反应速率。

火焰锋面到达后,初始温度高的燃烧温度比初始温度低的略高,由图 6-9 和表 6-3 可以看到,温度增量和初始温度呈线性关系,每 100 K 之间增量在 50 K 左右;火焰锋面经过后,测点温度还是有一定的上升,随着燃烧反应的进行,温度逐渐趋于一致,并保持稳定。但这并不是燃烧爆炸后真实的爆炸温度,主要是因为爆炸完成后模拟算法的继续迭代,由于湍流的影响和壁面条件的限制,火焰波叠加,趋于紊乱状态,使得温度在火焰锋面经过后继续增加。

分析可知,爆炸罐内的热量来源只有两个:一个是预混气体带入的物理热量,另一个是预混气体可燃部分发生化学反应释放出的热量。对比图 6-6、图 6-7 和图 6-8 中各条曲线可知,预混气体可燃部分燃烧后,反应释放的热量基本不变,导致火焰温度升高的主要原因是初始气体温度升高,带入的物理热量增多。

由图 6-9 可以看出,距点火中心越远,火焰锋面经过各测点时的温度越高,而且与距点火点距离呈指数分布关系。在不同初始温度条件下,相邻测点的温度增长值相近。

通过数值模拟可以得到不同初始温度条件下不同时刻爆炸容器内各点的温度分布规律,如图 6-10 所示。

如图 6-10 所示,瓦斯爆炸过程在空间上存在三个区域,即已燃区、未燃区和燃烧爆炸反应区。在已燃区内,化学反应已基本全部完全反应,温度较高;未燃区内甲烷还未参与化学反应,温度为初始环境温度,但随着反应的进行,由于对流、热辐射等原因温度会略有上升;燃烧爆炸反应区内的温度介于已燃区和未燃区之间,预热后的气体参与化学反应,温度逐步提高。

(3)初始温度对火焰速度的影响

通过数值模拟作出了火焰速度随时间和距点火点距离变化的曲线,如图 6-11 和图 6-12 所示。

由图 6-11 可以看出,初始温度为 298 K、373 K 和 473 K 的速度曲线的发展过程可以分为三个阶段。第一阶段为点火阶段火焰速度有一个明显的上升下降过程阶段。第二阶段为火焰速度经过一个短暂的平稳期之后,迅速上升到最大火焰速度阶段。第三个阶段为速度逐渐减小的阶段。点火阶段的上升下降过程,主要是受到点火源能量的影响,点火源在瞬间产生高温区域,使这一区域内的甲烷快速燃烧,反应剧烈。因此火焰面发展迅速,有一个上升区段。点火源能量释放完毕后,高温区域温度向外扩散,温度降低,甲烷反应速率减缓,火焰速度出现下降区段。另外,比较这三条曲线的发展趋势可以看到,每一个阶段出现的时刻都随着初始温度的升高提前。分析可知,这是由于初始温度升高,预混气体已经具有较高的能量,缩短了甲烷燃烧的感应时间。这也就可以理解,为什么在初始温度为 573 K、673 K 和 773 K 的火焰速度曲线上已经看不到点火阶段的上升下降过程。因为统计时间是从 0.5 ms 开始的,在 0~0.5 ms 时间段内,较高初始温度的预混气体,已经发展成为稳定燃烧。比较 6 条曲线,明显发现随着初始温度的升高,最大火焰速度成指数增长。

在图 6-12 中,初始温度为 298 K、373 K 和 473 K 时,火焰速度最大值都出现在 0.04 m 附近,初始温度大于 573 K 之后,火焰速度最大值位置明显更远离壁面,并且随初始温度的升高,离壁面距离增大。分析原因,在开始阶段壁面对

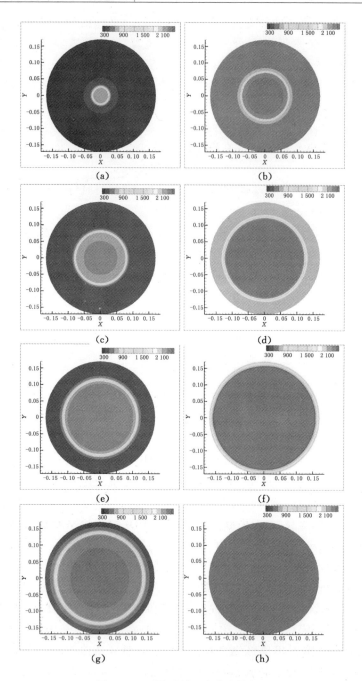

图 6-10 不同时刻温度分布特征

(a) 298 K,20 ms;(b) 573 K,20 ms;(c) 298 K,40 ms;(d) 573 K,40 ms;
(e) 298 K,60 ms;(f) 573 K,60 ms;(g) 298 K,80 ms;(h) 573 K,80 ms

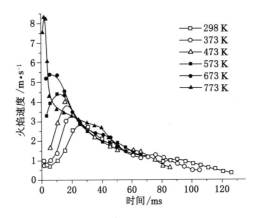

图 6-11　不同时刻火焰速度变化曲线

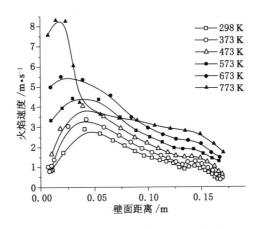

图 6-12　不同位置火焰速度变化曲线

火焰速度发展影响较小,火焰速度逐渐增大;而后距离壁面越近,火焰速度受壁面影响越严重,速度逐渐降低。

在 0.14 m 附近,6 条曲线都有一个明显的火焰二次加速过程,初始温度越低,这一加速现象越明显。分析认为这刚好是某一次反射波同火焰作用的结果,火焰波和反射波在 0.14 m 处相遇,先出现对火焰的抑制作用,而后形成二次加速。

(4) 初始温度对甲烷组分的影响

通过数值模拟可以得到不同初始温度条件下不同时刻爆炸容器内各组分的分布规律,现对爆炸过程中的甲烷组分进行具体分析,组分分布如图 6-13 所示。

从图 6-13 可以看出,随着爆炸反应的进行,已燃区的甲烷组分基本全部参与反应,其组成主要是生成的二氧化碳和水蒸气,而在未燃区,反应还未进行,甲

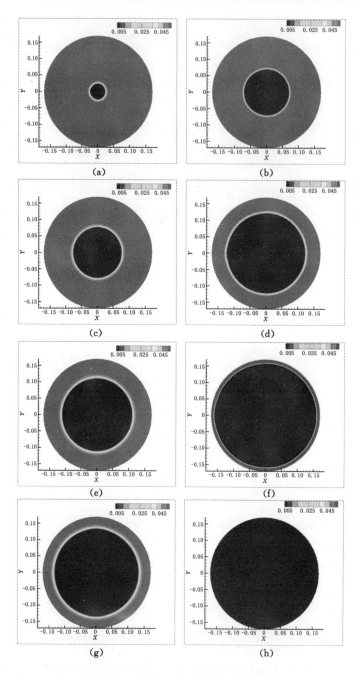

图 6-13　不同时刻甲烷组分分布特征

(a) 298 K,20 ms;(b) 573 K,20 ms;(c) 298 K,40 ms;(d) 573 K,40 ms;

(e) 298 K,60 ms;(f) 573 K,60 ms;(g) 298 K,80 ms;(h) 573 K,80 ms

烷依然为最初设置浓度。在燃烧爆炸反应区甲烷、二氧化碳组分的浓度介于已燃区和未燃区之间。此处存在一个燃烧反应阵面,随着反应的进行,火焰阵面快速向前推进。

同时,从图中可以看出,在不同初始温度条件下,燃烧反应阵面的推进速度存在很大差异。当初始温度为298 K时,反应波阵面推进较慢,而在573 K初始条件下,燃烧阵面推进速度要快得多。在点火后20 ms时,反应消耗的甲烷量已经产生较大差别;随着反应的进行,在40 ms、60 ms时差别更加显著;573 K初始条件的甲烷组分在80 ms时已全部反应消耗掉,而此时初始温度为298 K的容积内甲烷组分还有不少剩余。298 K初始温度条件下,在131 ms时燃烧爆炸反应全部完成,甲烷组分全部消耗。这说明初始温度的增大,提高了化学反应速率,也加快了火焰阵面的传播,而初始温度为573 K时瓦斯爆炸的完全反应时间大约是初始温度为300 K时的一半左右。

6.5.2 点火能量对瓦斯爆炸特性的影响

正式进行数值模拟前,抽取了以上10个点火能量水平中的4个进行了预模拟。从预模拟结果看,点火能量对瓦斯爆炸温度、火焰速度影响都很小,基本可以忽略,因此本节将重点放在对压力的模拟分析上。通过模拟,作出了1 J、10 J、100 J、250 J、400 J等不同点火能量条件下,距点火中心0.15 m处的压力变化曲线,最大爆炸压力曲线以及最大爆炸压力上升速率曲线,如图6-14～图6-16所示。

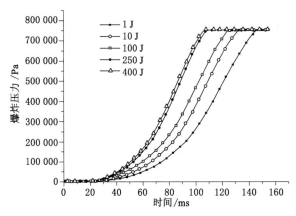

图6-14 不同点火能量条件下压力变化曲线

由图6-14可以看出,点火后压力均逐渐上升,经过一段时间到达最大值,5种不同点火能量状态下,爆炸压力曲线的发展趋势一致。但是,随着初始点火能量的不同,5种状态下的最大压力值不同,而且到达最大压力的时间也不同。点火能量为1 J时,到达最大压力值的时间大约144 ms,最大压力值0.752 MPa

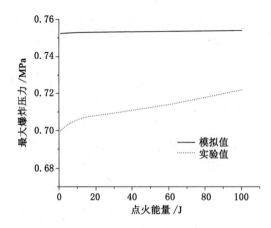

图 6-15　不同点火能量条件下最大爆炸压力曲线

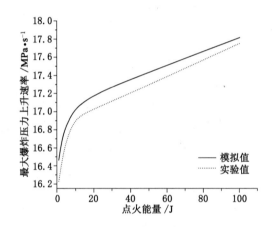

图 6-16　不同点火能量条件下最大爆炸压力上升速率曲线

（表压）；点火能量为 400 J 时，到达最大压力值的时间大约 107 ms，最大压力值 0.754 MPa（表压）。随着点火能量的增大，最大压力值增大，但变化幅度较小，同时爆炸反应达到最大压力的时间变小。

　　由图 6-15 可以看出，实验结果表明预混气体的最大爆炸压力会随着点火能量的增大而增大。实验结果显示，点火能量为 1 J 时，最大爆炸压力为 0.700 MPa；点火能量为 100 J 时，最大爆炸压力为 0.722 MPa，相比点火能量为 1 J 时的最大爆炸压力上升了 0.022 MPa。模拟结果显示，点火能量的改变对最大爆炸压力几乎没有影响，点火能量从 1 J 到 100 J 变化，最大爆炸压力分布在 0.752 MPa（表压）到 0.754 MPa（表压）之间，且呈波动分布，极差为 0.002 MPa。这一现象主要是由所选用的数值模型为绝热壁面所导致。一方面，实验存在冷却效应，温度压力到达峰值后会迅速下降；但模拟时，由于设置的是绝热壁面，产生的热量都集中在爆炸罐内,没有了壁面的冷却效应,使得温度和压力能够维持,所以冷却时间长短对最大爆炸压力的影响就不存在了。另一方面,在管道内预混气体燃烧模拟中,都能明显看到压力波的存在,而球形罐内的燃烧是一个小空间的燃烧过程,壁面对压力波的反射作用造成整个区域内压力差不显著。以上两点造成了由于点火能量差异所产生的时间尺度效应不如实验明显的结果。最后,点火源释放的能量少,对于整个爆炸罐内预混气体燃烧的放热影响可以忽略不计。因此,压力变化也就不会随着点火能量的改变而有很明显的改变。

图 6-16 为实验和数值模拟结果的最大爆炸压力上升速率曲线对比图,可以看到,相同点火能量条件下,模拟值比实验值大,这主要是由于爆炸系统模拟边界条件为绝热假设所致;点火能量在 1～100 J 范围内,实验值的变化范围在 16.23 MPa/s 到 17.75 MPa/s 之间,模拟值的变化范围在 16.46 MPa/s 到 17.81 MPa/s 之间,其变化幅度实验值也要比模拟值大,说明模拟相对实验较稳定。

通过数值模拟可以得到不同点火能量条件下不同时刻,爆炸容器内各点的压力分布规律,压力分布如图 6-17 所示。

从图 6-17 可看出,在爆炸反应开始 20 ms 的时刻,300 J 的点火能量所引燃的气体范围相比 400 J 的要小,压力也要小,此时,火焰锋面呈球形向外传播,从燃烧核心到火焰锋面压力逐渐变小,由于压力梯度的存在,使得火焰锋面能进一步向较低压力区域延伸;随着时间的流逝,火焰锋面向未燃区域发展,在 40 ms 左右的时刻,300 J 点火能量的爆炸火焰锋面到达球体壁面,爆炸基本完成,此时,400 J 点火能量的爆炸早已完成,模拟球体内由于压力的反射叠加等原因,压力分布呈严重不均匀状态;到 60 ms 时刻时,压力分布还是不均匀状态,但相比 40 ms 时刻的状态,60 ms 使得压力分布呈有序状态。这与我们对瓦斯爆炸的认识相一致,压力分布云图为我们揭示了实验无法得到的任一时刻的压力分布状态。

6.5.3 初始压力对瓦斯爆炸特性的影响

(1) 不同初始压力对爆炸温度的影响

模拟作出了距点火点分别为 0.05 m、0.10 m 和 0.15 m 时不同初始压力下的爆炸温度曲线,如图 6-18～图 6-21 所示。

表 6-4 中列出了不同初始压力条件下火焰锋面到达各测点的时间与该时刻的温度。

根据表 6-4 列出的数据,作出火焰锋面经过各测点时的温度曲线,如图 6-21 所示。

由图 6-18～图 6-20 可以看出,火焰锋面到达前,各测点温度均缓慢上升,距离点火点越远,温度增量越大;火焰锋面到达后,温度迅速升高;火焰锋面经过后,温度曲线出现拐点,温度继续以较缓慢的速率上升。这一上升过程的时间随

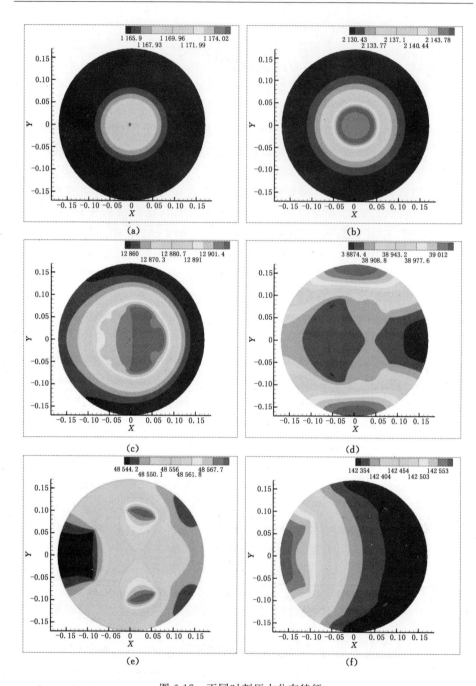

图 6-17 不同时刻压力分布特征

(a) 300 J,20 ms;(b) 400 J,20 ms;(c) 300 J,40 ms;

(d) 400 J,40 ms;(e) 300 J,60 ms;(f) 400 J,60 ms

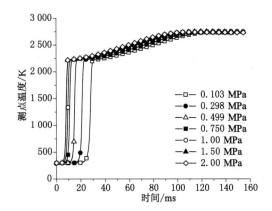

图 6-18　0.05 m 处温度变化曲线

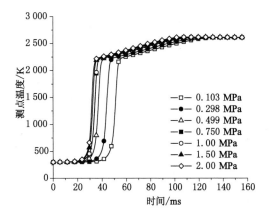

图 6-19　0.10 m 处温度变化曲线

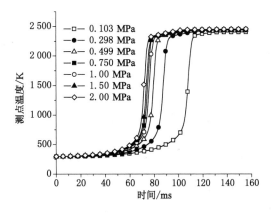

图 6-20　0.15 m 处温度变化曲线

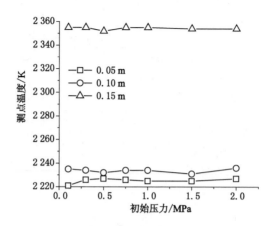

图 6-21　火焰锋面经过测点时的温度曲线

着距点火点的距离增大而减小,但都在 130 ms 左右趋于稳定。稳定温度随着距点火点的距离而降低,0.05 m 处大概为 2 730 K,0.10 m 处大概为 2 610 K,0.15 m 处大概为 2 440 K。在距离点火点相同距离的测点处,初始温度较高时,火焰锋面先到达测点。而且时间差随着燃烧的发展逐步扩大。由表 6-4 可以得到,初始压力为 0.103 MPa 和 2.00 MPa 时火焰锋面到达 0.05 m 的时间相差 18 ms,到达 0.10 m 的时间相差 22 ms,到达 0.15 m 的时间相差 60 ms。这主要是由于初始压力较大的情况下,分子间距离更近,增加了有效碰撞概率,使反应速度加快。另外,根据表 6-4 中的数据可以分析出,这种影响关系是非线性的。

表 6-4　　　　　　　　　**火焰锋面经过各测点的时间与该时刻的温度**

初始压力/MPa	距点火点的距离/m					
	0.05		0.10		0.15	
	时间/ms	测点温度/K	时间/ms	测点温度/K	时间/ms	测点温度/K
0.103	29	2 221	57	2 235	114	2 355
0.298	24	2 226	50	2 234	95	2 355
0.499	17	2 227	42	2 232	83	2 352
0.750	13	2 226	40	2 234	81	2 355
1.00	13	2 225	39	2 234	79	2 355
1.50	12	2 225	38	2 231	76	2 354
2.00	11	2 227	35	2 236	74	2 354

　　由图 6-21 可以看出,在同一测点,火焰锋面经过测点时的温度几乎是相同的。另外也可以看到,随着燃烧的发展,距点火中心越远,火焰锋面经过各测点

时的温度越高。而且,相邻测点温度的增长与距点火点距离不是呈线性关系,越到后期,温度增长值越大,但是不同初始压力下,增长值相近。说明这不是初始压力不同造成的。

(2) 不同初始压力对爆炸压力的影响

本节取距离点火中心 0.15 m 处测点的压力变化曲线代表整个爆炸罐内压力变化曲线。模拟作出了 0.15 m 处不同初始压力条件下的爆炸压力曲线、最大爆炸压力上升速率曲线和最大爆炸压力曲线,分别如图 6-22、图 6-23 和图 6-24 所示。

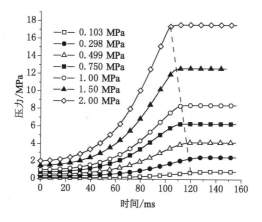

图 6-22　0.15 m 处爆炸压力变化曲线

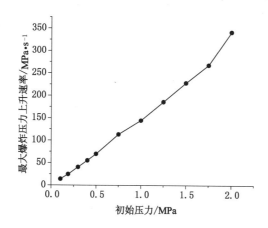

图 6-23　最大爆炸压力上升速率曲线

由图 6-22 可以看到,图中各条压力曲线,在开始阶段都有一个缓慢的上升过程,而后上升速率逐渐增大,接近最大值时出现拐点,而后保持这一最大值。另外,可以非常明显地看到,随着初始压力的升高,最大爆炸压力增大明显,而且

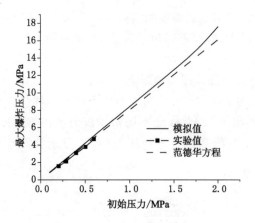

图 6-24　最大爆炸压力曲线(1)

初始压力大的压力曲线更快达到最大爆炸压力,近似呈线性分布;不同初始压力条件下,最大爆炸压力上升速率也有很大的差异。

由图 6-23 可以看出,最大爆炸压力上升速率随初始压力的增大而增大。这主要是因为初始压力增大使得分子间距离减小,增加了分子有效碰撞概率,其他条件相同的条件下,会增大反应速率。燃烧反应更加剧烈,其压力上升速率也就增大。另外,初始压力对最大爆炸压力上升速率的影响是近似呈线性的。

图 6-24 和图 6-25 更加精确地描述了最大爆炸压力和初始压力的关系。两个图中范德华方程曲线为由范德华方程计算得出的理论值,温度取 2 400 K。从图中可以看出,初始压力在 0.103~0.499 MPa 区间时,模拟值非常接近实验值,但是比实验值略大,这主要是绝热壁面所引起的差异而造成的,因此这一模拟结果是可信的。整体来看,最大爆炸压力随初始压力变化近似呈线性分布,这

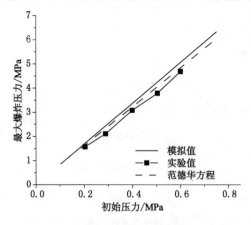

图 6-25　最大爆炸压力曲线(2)

与范德华方程描述的趋势一致。这就意味着，随着初始压力的增大，最大爆炸压力成倍地增加。尽管模拟值和范德华方程计算的理论值比较相近，而且在低压区段符合得很好，但是随着初始压力的升高，其差异逐渐增大。笔者认为，这主要是因为模拟模型造成的误差。在建模时，尽管根据已有的研究经验给出了气体属性的一些修正，但主要在一般压力和温度条件下比较精确，在高温高压条件下，难免会出现一定的误差。因此，还有必要在高温高压这一区段进行更精确的研究。

（3）不同初始压力对火焰速度的影响

模拟作出了火焰速度随时间和距点火点距离变化的曲线，如图 6-26 和图 6-27 所示。

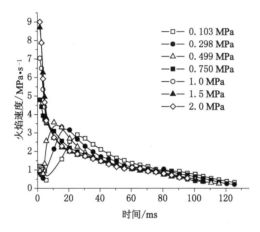

图 6-26　不同时刻火焰速度变化曲线

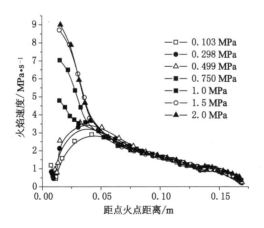

图 6-27　不同位置火焰速度变化曲线

由图 6-26 可以看到,初始压力分别为 0.103 MPa、0.298 MPa 和 0.499 MPa 的曲线,在初始阶段的火焰速度有一个明显的上升下降过程,而后火焰速度逐渐增大,以一个较大加速度到达最大火焰速度后,火焰速度逐渐减小。初期阶段的上升下降过程主要是受到点火源能量的影响,点火源在瞬间产生高温区域,使这一区域内的甲烷快速燃烧,反应剧烈。因此火焰面发展迅速,有一个上升区段。点火源能量释放完毕后,高温区域温度向外扩散,温度降低,甲烷反应减缓,火焰速度出现下降区段。另外,比较这三条曲线的发展趋势可以看到,每一个阶段出现的时刻都随着初始压力的升高提前。这主要是因为初始压力增大使得分子间距离减小,增加了分子有效碰撞概率,在其他条件相同的情况下,会增大反应速率。初始压力为 0.750 MPa 以上的条件下,没有捕捉到初始阶段上升下降的速度变化状况,根据初始压力为 0.103 MPa、0.298 MPa 和 0.499 MPa 的曲线的发展趋势,可知这是由于初始阶段火焰面发展过于迅速导致的。还可以发现,初始压力越大,所能到达的最大火焰速度越大。

由图 6-27 可以看到,火焰速度最大值都出现在 0.04 m 之前,而且随初始压力的增大,更靠近点火点。在 0.05 m 之后,各初始压力条件下的火焰速度已经较为接近。说明在 0.04 m 之前,由于距离壁面较远,受壁面影响小,火焰能够自由发展。随着燃烧的进一步发展,壁面逐渐成为影响燃烧的主要因素。另外,各条曲线在 0.14 m 附近出现火焰二次加速。

6.5.4 多因素综合作用对瓦斯爆炸特性的影响

在实际的环境中,绝大多数的情况都不会是单因素变化而其他条件保持常态。因此本书设计了正交实验,来分析多因素对爆炸特性的影响。

(1) 正交实验概述

正交实验法是利用正交表来安排与分析多因素实验的一种设计方法。它是在实验因素的全部水平组合中,挑选部分有代表性的水平组合进行实验,通过对这部分实验结果的分析全面了解实验的情况。

正交实验的特点为:完成实验要求所需的实验次数少;数据点分布很均匀;可采用极差分析方法、方差分析方法、回归分析方法等对实验结果进行分析,引出许多有价值的结论。

常用正交表已经由数学工作者建立起来,实验室根据需要的因素与水平选取。正交表具有正交性、代表性、综合性等特征。

正交表的正交性是其最根本的特征。正交性表现为:在每一列中,各个不同的数字出现的次数相同;表中任意两列并列在一起形成若干个数字对,不同数字对出现的次数也相同。

(2) 正交实验安排

正交表的选择要根据因素的数量以及因素的水平来定,为了提高精确性最好选择列数较多的正交表,所选择的正交表要进行方差分析或回归分析,需要留空白列,即"误差列"。

本节进行三个因素模拟,包括初始温度、初始压力和点火能量。考虑到运算量大小,选取了 $L_{16}(4^5)$ 这一正交表,如表 6-5 所列。

表 6-5　　　　　　　　　　　　　正交实验安排

列号	$j=1$	2	3	4	5
因素	E	p	T	e	e
实验号	水平				
1	1	1	1	1	1
2	1	2	2	2	2
3	1	3	3	3	3
4	1	4	4	4	4
5	2	1	2	3	4
6	2	2	1	4	3
7	2	3	4	1	2
8	2	4	3	2	1
9	3	1	3	4	2
10	3	2	4	3	1
11	3	3	1	2	4
12	3	4	2	1	3
13	4	1	4	2	3
14	4	2	3	1	4
15	4	3	2	4	1
16	4	4	1	3	2

由表 6-5 可知一共需要进行 16 次模拟,由于只有 3 个因素,因此有 2 个空白列。第一列为点火能量,第二列为初始压力,第三列为初始温度,第四列和第五列为空白列。各个因素的水平分别安排为:点火能量:100 J(1 水平)、200 J(2 水平)、300 J(3 水平)、400 J(4 水平);初始压力:0.5 MPa(1 水平)、1.0 MPa(2 水平)、1.5 MPa(3 水平)、2.0 MPa(4 水平);初始温度:398 K(125 ℃)、523 K(250 ℃)、648 K(375 ℃)、773 K(500 ℃)。

(3)最大爆炸压力的模拟结果及分析

表 6-6 和表 6-7 列出了模拟结果和数据分析结果。表 6-6 没有考虑初始压

力的增量对爆炸压力的影响,表 6-7 排除了初始压力的增量的影响,列出的最大爆炸压力为超压值。

表 6-6 最大爆炸压力模拟结果

列号	1	2	3	4	5	
因素	E	p	T	e	e	p_{max} /MPa
实验号	水平					
1	1	1	1	1	1	3.212
2	1	2	2	2	2	4.973
3	1	3	3	3	3	6.121
4	1	4	4	4	4	6.944
5	2	1	2	3	4	2.488
6	2	2	1	4	3	6.410
7	2	3	4	1	2	5.210
8	2	4	3	2	1	8.158
9	3	1	3	4	2	2.044
10	3	2	4	3	1	6.392
11	3	3	1	2	4	9.618
12	3	4	2	1	3	9.939
13	4	1	4	2	3	1.740
14	4	2	3	1	4	4.084
15	4	3	2	4	1	7.453
16	4	4	1	3	2	12.773
1 水平总和	21.250	9.483	32.012	22.445	25.215	—
2 水平总和	22.266	21.859	24.854	24.489	25.000	—
3 水平总和	27.993	28.402	20.406	27.775	24.210	—
4 水平总和	26.050	37.815	20.286	22.851	23.133	—
重复次数	4	4	4	4	4	
1 水平均值	5.312	2.371	8.003	5.611	6.304	
2 水平均值	5.566	5.465	6.213	6.122	6.250	
3 水平均值	6.998	7.101	5.102	6.944	6.053	
4 水平均值	6.513	9.454	5.072	5.713	5.783	
极差	1.686	7.083	2.932	1.332	0.520	
平方和	7.527	106.236	22.756	4.404	0.666	—

列号	1	2	3	4	5	p_{max}/MPa
因素	E	p	T	e	e	
实验号	水平					
自由度	3	3	3	3	3	—
均方	2.509	35.412	7.585	0.845		—
F 值	2.969	41.903	8.976	—	—	—
$F_{0.01}$	9.780	9.780	9.780	—	—	—
$F_{0.05}$	4.760	4.760	4.760	—	—	—
$F_{0.10}$	3.290	3.290	3.290	—	—	—
显著性	—	***(0.01)	**(0.05)	—	—	—

表 6-6 中,由方差分析结果可以看出,初始压力对最大爆炸压力的影响最为显著,初始温度对爆炸压力的影响较为显著,点火能量在 $\alpha = 0.1$ 时,影响仍不显著;由极差分析结果可以看出,初始压力对最大爆炸压力的影响最大,其次为初始温度,点火能量影响最小;通过对各个水平平均值的比较,在设定条件下,当处于最大初始压力、最大点火能量和最低点火温度时最大爆炸压力值最大。

表 6-7　　　　　　　　　　**最大超压模拟结果**

列号	1	2	3	4	5	p_{max}/MPa
因素	E	p	T	e	e	
实验号	水平					
1	1	1	1	1	1	2.712
2	1	2	2	2	2	3.973
3	1	3	3	3	3	4.621
4	1	4	4	4	4	4.944
5	2	1	2	3	4	1.988
6	2	2	1	4	3	5.410
7	2	3	4	1	2	3.710
8	2	4	3	2	1	6.158
9	3	1	3	4	2	1.544
10	3	2	4	3	1	5.392
11	3	3	1	2	4	8.118
12	3	4	2	1	3	7.939

列号	1	2	3	4	5	p_{max} /MPa
因素	E	p	T	e	e	
实验号	水平					
13	4	1	4	2	3	1.240
14	4	2	3	1	4	3.084
15	4	3	2	4	1	5.953
16	4	4	1	3	2	10.773
1 水平总和	16.25	7.48	27.01	17.44	20.22	—
2 水平总和	17.27	17.86	19.85	19.49	20.00	—
3 水平总和	22.99	22.40	15.41	22.77	19.21	—
4 水平总和	21.05	29.81	15.29	17.85	18.13	—
重复次数	4	4	4	4	4	
1 水平均值	4.06	1.87	6.75	4.36	5.05	—
2 水平均值	4.32	4.46	4.96	4.87	5.00	—
3 水平均值	5.75	5.60	3.85	5.69	4.80	—
4 水平均值	5.26	7.45	3.82	4.46	4.53	—
极差	1.69	5.58	2.93	1.33	0.52	
平方和	7.53	65.47	22.76	4.40	0.67	
自由度	3	3	3	3	3	
均方	2.51	21.82	7.59	0.85		
F 值	2.969	25.822	8.976	—	—	
$F_{0.01}$	9.780	9.780	9.780	—	—	
$F_{0.05}$	4.760	4.760	4.760	—	—	
$F_{0.10}$	3.290	3.290	3.290	—	—	
显著性	—	***(0.01)	**(0.05)	—	—	

  表 6-7 中排除初始压力增量对最大爆炸压力的影响后,由方差分析结果可以看出,初始压力对最大爆炸压力的影响非常显著,初始温度对最大爆炸压力的影响较为显著,点火能量对最大爆炸压力的影响不显著;由极差分析结果可以看出,初始压力对最大爆炸压力的影响最大,其次为初始温度,点火能量的影响最小;通过对各个水平平均值的比较,在设定条件下,当处于最大初始压力、最大点火能量和最低点火温度时,最大爆炸压力值最大。结果与不排除初始压力增量时相似。

（4）最大爆炸压力上升速率的模拟结果及分析

表 6-8 列出了模拟结果和数据分析结果。

表 6-8   最大爆炸压力上升速率模拟结果

列号	1	2	3	4	5	$R_{max}/\text{MPa}\cdot\text{s}^{-1}$
因素	E	p	T	e	e	
实验号	水平					
1	1	1	1	1	1	122.14
2	1	2	2	2	2	234.89
3	1	3	3	3	3	377.61
4	1	4	4	4	4	624.79
5	2	1	2	3	4	87.45
6	2	2	1	4	3	267.49
7	2	3	4	1	2	438.81
8	2	4	3	2	1	536.28
9	3	1	3	4	2	82.24
10	3	2	4	3	1	243.62
11	3	3	1	2	4	413.22
12	3	4	2	1	3	545.95
13	4	1	4	2	3	78.41
14	4	2	3	1	4	138.22
15	4	3	2	4	1	212.26
16	4	4	1	3	2	286.35
1 水平总和	1 359.43	370.24	1 089.20	1 245.12	1 114.30	—
2 水平总和	1 330.03	884.22	1 080.55	1 262.80	1 042.29	—
3 水平总和	1 285.03	1 441.90	1 134.35	995.03	1 269.46	—
4 水平总和	715.24	1 993.37	1 385.63	1 186.78	1 263.68	—
重复次数	4	4	4	4	4	—
1 水平均值	339.86	92.56	272.30	311.28	278.58	—
2 水平均值	332.51	221.06	270.14	315.70	260.57	—
3 水平均值	321.26	360.48	283.59	248.76	317.37	—
4 水平均值	178.81	498.34	346.41	296.70	315.92	—
极差	161.05	405.78	76.27	66.94	56.79	—
平方和	70 377.05	368 282.59	15 568.37	11 281.81	9 514.22	—

续表 6-8

列号	1	2	3	4	5	
因素	E	p	T	e	e	$R_{max}/\text{MPa} \cdot \text{s}^{-1}$
实验号			水平			
自由度	3	3	3	3	3	—
方差	23 459.02	122 760.86	5 189.46	3 466.01		—
F 值	6.768	35.419	1.497	—	—	—
$F_{0.01}$	9.780	9.780	9.780	—	—	—
$F_{0.05}$	4.760	4.760	4.760	—	—	—
$F_{0.10}$	3.290	3.290	3.290	—	—	—
显著性	* *(0.05)	* * *(0.01)	—	—	—	—

表 6-8 中,由方差分析结果可以看出,初始压力对最大爆炸压力上升速率的影响非常显著;点火能量对最大爆炸压力上升速率的影响较为显著;初始温度在 $\alpha = 0.1$ 时对最大爆炸压力上升速率的影响仍不显著。由极差分析结果可以看出,初始压力对最大爆炸压力上升速率的影响最大,其次为点火能量,最后为初始温度。

参 考 文 献

[1] 李润之,司荣军,张延松,等.煤矿瓦斯爆炸特性研究现状及发展方向[J].煤炭技术,2010,29(4):4-6.

[2] LEWIS B,VON ELBE G.燃气燃烧与瓦斯爆炸[M].第三版.王方,译.北京:中国建筑工业出版社,2010.

[3] 张景林.气体、粉尘爆炸及其灾害技术[J].中国安全科学学报,2002,12(5):13-18+2.

[4] 许越.化学反应动力学[M].北京:化学工业出版社.2004.

[5] 李江波.密闭管内甲烷-煤尘复合爆炸实验研究[D].大连理工大学,2010.

[6] 严传俊,范玮.燃烧学[M].西安:西北工业大学出版社,2005.

[7] 伯纳德·刘易斯,京特·冯·埃尔贝.燃气燃烧与瓦斯爆炸[M].王方,译.北京:中国建筑工业出版社,2007.

[8] 赵衡阳.气体和粉尘爆炸原理[M].北京:北京理工大学出版社,1996.

[9] COOPER C M,WIEZEVICH P J. Effects of temperature and pressure on the upper explosive limit of methane-oxygen mixtures[J]. Industrial and Engineering Chemistry,1929,21(12):1210-1214.

[10] CARON M,GOETHALS M,DE SMEDT G,et al. Pressure dependence of the auto- ignition temperature of methane/air mixtures[J]. Journal of Hazardous Material,1999,65(3):233-244.

[11] NORMAN F, SCHOOR F V D, VERPLAETSEN F. Auto-ignition and upper explosion limit of rich propane-air mixtures at elevated pressures [J]. Journal of Hazardous Materials,2006,137(2):666-671.

[12] SCHOOR F V D,NORMAN F,VERPLAETSEN F. Influence of the ignition source location on the determination of the explosion pressure at elevated pressures[J]. Journal of Loss Prevention in the Process Industries,2006,19(5):459-462.

[13] SCHOOR F V D,VERPLAETSEN F. The upper explosion limit of lower alkanes and alkenes in air at elevated pressure and temperature[J]. Journal of Hazardous Materials,2006,128(1):1-9.

[14] RAZUS D,BRINZEA V,MITU M,et al. Explosion characteristics of LPG-air mixtures in closed vessels[J]. Journal of Hazardous Materials, 2009,165(1-3):1248-1252.

[15] RAZUS D,BRINZEA V,MITU M,et al. Temperature and pressure influence on explosion pressures of closed vessel propane-air deflagrations[J]. Journal of Hazardous Materials,2010,174(1-3):548-555.

[16] RAZUS D,MOVILEANUA C,OANCEA D. The rate of pressure rise of gaseous propylene-air explosions in spherical and cylindrical enclosures [J]. Journal of Hazardous Materials,2007,139(1,2):1-8.

[17] CASHDOLLAR K L,ZLOCHOWER I A,GREEN G M,et al. Flammability of methane,propane,and hydrogen gas[J]. Journal of Loss Prevention in the Process Industries,2000,13(3-5):327-340.

[18] PEKALSKI A A,SCHILDBERG H P,SMALLEGANGE P S D,et al. Determination of the explosion behaviour of methane and propene in air or oxygen at standard and elevated conditions[J]. Process Safety and Environmental Protection,2005,83(5):421-429.

[19] GIERAS M,KLEMENS R,RARATA G,et al. Determination of explosion parameters of methane-air mixtures in the chamber of 40 dm^3 at normal and elevated temperature[J]. Journal of Loss Prevention in the Process Industries,2006,19(2-3):263-270.

[20] BOLK J W,SICCAMA N B,WESTERTERP K R. Flammability limits in flowing ethane- air-nitrogen mixtures:An experimental study[J]. Chemical Engineering science,1996,51(10):2231-2239.

[21] AKIFUMI TAKAHASHI, YOUKICHI URANO, KAZUAKI TOKU-HASHI,et al. Fusing ignition of various metal wires for explosion limits measurement of methane/air mixture[J]. Journal of Loss Prevention in the Process Industries,1998,11(5):353-360.

[22] 李润之.点火能量与初始压力对瓦斯爆炸特性的影响研究[D].青岛:山东科技大学,2010.

[23] 李润之,黄子超,司荣军.环境温度对瓦斯爆炸压力及压力上升速率的影响 [J].爆炸与冲击,2013,33(4):415-419.

[24] 卢捷.多元混合气体爆炸特性与安全控制研究[D].北京:北京理工大学,2003.

[25] 黄超,杨绪杰,陆路德,等.烷烃高温下爆炸极限的测定[J].化工进展,2002,21(7):496-498.

[26] 周西华,孟乐,史美静,等.高瓦斯矿发火区封闭时对瓦斯爆炸界限因素的影响[J].爆炸与冲击,2013,33(4):351-356.

[27] 路林,常铭,苗海燕,等.天然气在不同初始温度和压力下的燃烧特性研究[J].工程热物理学报,2009,30(10):1771-1774.

[28] 刘振翼,李浩,邢翼,等.不同温度下原油蒸气的爆炸极限和临界氧含量[J].化工学报,2011,62(7):1998-2004.

[29] 潘尚昆,李增华,林柏泉,等.氢气及重烃组分对瓦斯爆炸下限影响的实验研究[J].湖南科技大学学报(自然科学版),2008,23(3):23-27.

[30] 薛少谦.细水雾粒度与流量对瓦斯爆炸下限的影响试验研究[J].煤矿安全,2015,46(12):11-14.

[31] 李增华,林柏泉,张兰君.氢气的生成及对瓦斯爆炸的影响[J].中国矿业大学学报,2008,37(2):147-151.

[32] 文虎,王秋红,邓军,等.超细 $Al(OH)_3$ 粉体浓度对甲烷爆炸压力的影响[J].煤炭学报,2009,32(11):1479-1482.

[33] GU R,WANG X S,XU H L. Experimental study on suppression of methane explosion with ultra-fine water mist[J]. Fire Safety Science,2010,19(2):51-59.

[34] 彭飞,张兰君,高思源,等.矿井特殊气体对瓦斯爆炸特性的影响[J].煤矿安全,2011,42(4):9-13.

[35] 张广,童敏明,任子晖,等.烷烃气体对甲烷爆炸下限影响的实验研究[J].昆明理工大学学报(自然科学版),2011,36(2):6-9.

[36] 毕明树,李铮,张鹏鹏.细水雾抑制瓦斯爆炸的实验研究[J].采矿与安全工程学报,2012,29(3):440-443.

[37] 王颖.20 L 球形密闭装置内惰性气体抑制瓦斯爆炸实验研究[D].太原:中北大学,2012.

[38] 钱海林,王志荣,蒋军成. N_2/CO_2 混合气体对甲烷爆炸的影响[J].爆炸与冲击,2012,32(4):445-448.

[39] 任韶然,李海奎,李磊兵,等.惰性及特种可燃气体对甲烷爆炸特性的影响实验及分析[J].天然气工业,2013,33(10):110-115.

[40] ANDERSON J D.计算流体力学基础及其应用[M].吴颂平,译.北京:机械工业出版社,2009.

[41] 王志荣,蒋军成.受限空间工业气体爆炸研究进展[J].工业安全与环保,2005,31(4):43-46.

[42] ALY S L. Numerical solution of the two-dimensional equations of laminar flame propagating down a cylindrical tube[J]. Applied Mathematical

Modeling,1983,7(2):119-122.

[43] LEE K H,KWON O C. A numerical study on structure of premixed methane-air microflames for micropower generation[J]. Chemical Engineering Science,2007,62(14):3710-3719.

[44] KUMAR S. Numerical study on flame stabilization behavior of premixed methane-air mixtures in diverging mesoscale channels[J]. Combustion Science and Technology,2011,183(8):779-801.

[45] BI M S,DONG C J,ZHOU Y H. Numerical simulation of premixed methane-air deflagration in large L/D closed pipes[J]. Applied Thermal Engineering,2012,40(32):337-342.

[46] GUTKOWSKI A. Numerical analysis of flame behavior near the quenching conditions during passage from wider to narrower tube diameters[J]. Combustion Science and Technology,2012,184(10-11):1616-1634.

[47] GUTKOWSKI A. Numerical analysis of effect of ignition methods on flame behavior during passing through a sudden contraction near the quenching conditions[J]. Applied Thermal Engineering,2013,54(1):202-211.

[48] Ulrich B,Martin S. Numerical simulation of premixed combustion processes in closed tubes[J]. Combustion and Flame,1998,114(3):397-419.

[49] MAREMONTI M, RUSSO G,SALZANO E,et al. Numerical simulation of gas explosions in linked vessels[J]. Journal of Loss Prevention in the Process Industries,1999,12(3):189-194.

[50] 张延松. 瓦斯煤尘爆炸传播数值模拟研究[C]//第九届全国爆炸与安全技术学术会议论文集. 2006:144-147.

[51] 郭文军,江见鲸,崔京浩. 燃气爆炸作用下房屋裂缝开展的分形模拟[J]. 自然灾害学报,2000,9(4):35-38.

[52] 宫广东,刘庆明,白春华. 管道中瓦斯爆炸特性的数值模拟[C]//第九届全国冲击动力学学术会议论文集. 2009:111-115.

[53] 王秋红,孙金华,何学超. 20 L近球形密闭管内可燃气体流动和火焰传播的数值模拟[J]. 南京工业大学学报(自然科学版),2011,33(2):74-79.

[54] 严清华. 球形密闭容器内可燃气体爆炸过程的数值模拟[D]. 大连:大连理工大学,2001.

[55] VARATHARAJAN B,WILLIAMS F A. Chemical-kinetic descriptions of high- temperature ignition and detonation of acetylene-oxygen-diluentsystems[J]. Combustion and Flame,2001,124(4):624-645.

[56] 徐景德,张力聪,杨庚宇.激波诱导瓦斯气体燃爆的三维数值模拟[J].武汉理工大学学报,2005,27(6):22-25.

[57] 梁运涛.封闭空间瓦斯爆炸过程的反应动力学分析[J].中国矿业大学学报,2010,39(2):196-200.

[58] 李艳红,贾宝山,曾文,等.受限空间初始压力对瓦斯爆炸反应动力学特性的影响[J].辽宁工程技术大学学报(自然科学版),2011,30(5):706-710.

[59] 许满贵,徐精彩.工业可燃气体爆炸极限及其计算[J].西安科技大学学报,2005,25(2):139-142.

[60] 晨晓霓,刘斌,胡婷婷,等.瓦斯爆炸极限及其热力学分析计算[J].山西师范大学学报(自然科学版),2008,22(4):63-65.

[61] 王陆新.齐大山选矿厂污水治理现状及改进方案的探讨[J].矿冶工程,2003,23(3):27-31.

[62] 韩立发,刘亚云.试论沉降法测定颗粒粒度及其分布[J].设计研究,2004(6):19-21.

[63] 吕锦铃,陈建中.天然高分子絮凝剂及其在水处理的应用[J].云南环境科学,2005(24):3-6.

[64] 张去非.絮凝剂对金岭铁矿选矿厂尾矿絮凝沉降速度影响的研究[J].中国矿山工程,2004(1):20-24.

[65] 黄传兵,陈兴华,兰叶,等.选择性絮凝技术及其在矿物分选中的应用[J].矿业工程,2005(3):27-29.

[66] 马表兰.物理化学[M].徐州:中国矿业大学出版社,2002.

[67] KEE R J,RUPLEY F M,MEEKS K,et al. CHEMKIN-III:a fortran chemical kinetics package for the analysis of gas-phase chemical and plasma kinetic[R],1996.

[68] American Society for Testing and Materials. Standard test method for concentration limits of flammability of chemicals (vapors and gases),ASTM E681-04[S],2004.

[69] ANDREW E L,ROBERT J K,JAMES A M. Senkin:a fortran program for predicting homogeneous gas phase chemical kinetics with sensitivity analysis[R]. US:Sandia National Laboratory,1988.

[70] 贾宝山,李春苗,尹彬,等.基于 CHEMKIN-PRO 的多元混合气体瓦斯燃烧模拟研究[J].煤炭学报,2017,42(3):646-652.

[71] GREGORY P,SMITH D G. Gri-Mech 3.0[EB/OL]. Http://www.me.berkeley.edu/gri mesh/Version30/text30.html,2005/2007.

[72] 王德明.矿井通风与安全[M].徐州:中国矿业大学出版社,2011.

[73] 唐家鹏. ANSYS FLUENT 16.0 超级学习手册[M]. 北京:人民邮电出版社,2016.

[74] 王福军. 计算流体动力学分析——CFD 软件原理与应用[M]. 北京:清华大学出版社,2004.

[75] 韩占忠,王敬,兰小平. 流体工程仿真计算实例与应用[M]. 北京:北京理工大学出版社,2004

[76] 马贵阳. RNG 模型在内燃机缸内湍流数值模拟中的应用[J]. 石油化工高等学校学报,2002,15(1):55-60.

[77] 于勇. FLUENT 入门与进阶教程[M]. 北京:北京理工大学出版社,2008.

[78] BOWES P C. Self-heating Evaluating and Controlling the Hazards[M]. London:H M Stationary Office,1984.

[79] LEWIS B,BEER J M. Combustion Flames and Explosion of Gases[M]. New York:Academic Press,1961.

[80] 田贯三,陈洪涛,王学栋. 城市燃气爆炸极限计算与分析[J]. 山东建筑工程学院学报,2002,20(6):56-60.

[81] 宫广东,刘庆明,白春华,等. 10 m³ 爆炸罐中甲烷燃烧爆炸发展过程[J]. 实验力学,2011,26(1):92-95.

[82] 黄子超,司荣军,张延松,等. 初始温度对瓦斯爆炸特性影响的数值模拟[J]. 煤矿安全,2012,43(5):5-11.

[83] 刘磊,孙俊,李格升,等. 基于 Fluent 的定容燃烧弹内预混层流燃烧模拟[J]. 船海工程,2012,41(5):107-111.